贾东　主编　建筑营造体系研究系列丛书

当代文化建筑之公共空间营造研究

蒋玲　著

U0249158

中国建筑工业出版社

图书在版编目（CIP）数据

当代文化建筑之公共空间营造研究／蒋玲著. —北
京：中国建筑工业出版社，2018.10
　（建筑营造体系研究系列丛书）
　ISBN 978-7-112-22694-8

Ⅰ.①当… Ⅱ.①蒋… Ⅲ.①文化建筑—公共空
间—建筑设计—研究 Ⅳ.① TU242.4

中国版本图书馆CIP数据核字（2018）第212613号

责任编辑：唐　旭　李东禧　吴　佳
责任校对：李美娜

建筑营造体系研究系列丛书
贾　东　主编

当代文化建筑之公共空间营造研究
蒋玲　著

*

中国建筑工业出版社出版、发行（北京海淀三里河路9号）
各地新华书店、建筑书店经销
北京锋尚制版有限公司制版
北京君升印刷有限公司印刷

*

开本：787×1092毫米　1/16　印张：4¾　字数：94千字
2018年12月第一版　2018年12月第一次印刷
定价：23.00元
ISBN 978-7-112-22694-8
（32311）

总　序

　　2012年的时候，北方工业大学建筑营造体系研究所成立了，似乎什么也没有，又似乎有一些学术积累，几个热心的老师、同学在一起，议论过自己设计一个标识。在2013年，"建筑与文化·认知与营造系列丛书"共9本付梓出版之际，我手绘了这个标识。

　　现在，以手绘的方式，把标识的涵义谈一下。

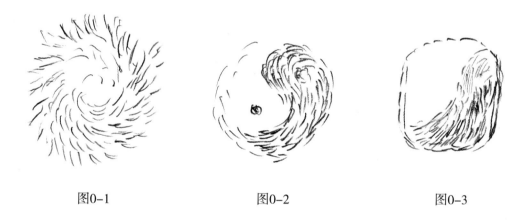

图0-1　　　　　　　　　　图0-2　　　　　　　　　　图0-3

　　图0-1：建筑的世界，首先是个物质的世界，在于存在。

　　混沌初开，万物自由。很多有趣的话题和严谨的学问，都爱从这儿讲起，并无差池，是个俗曰，却也好说话儿。无规矩，无形态，却又生机勃勃、色彩斑斓，金木水火土，向心而聚，又无穷发散。以此肇思，也不为过。

　　图0-2：建筑的世界，也是一个精神的世界，在于认识。

　　先人智慧，辩证大法。金木水火土，相生相克。中国的建筑，尤其是原材木构框架体系，成就斐然，辉煌无比，也或多或少与这种思维关系密切。

　　原材木构框架体系一词有些拗口，后撰文再叙。

　　图0-3：一个学术研究的标识，还是要遵循一些图案的原则。思绪纷飞，还是要理清思路，做一些逻辑思维。这儿有些沉淀，却不明朗。

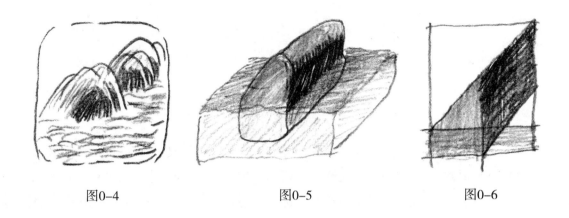

图0-4　　　　　　　　　　　图0-5　　　　　　　　　　　图0-6

图0-4：天水一色可分，大山矿藏有别。

图0-5：建筑学喜欢轴测，这是关键的一步。

把前边所说自然的大家熟知的我们的环境做一个概括的轴测，平静的、深蓝的大海，凸起而绿色的陆地，还有黑黝黝的矿藏。

图0-6：把轴测进一步抽象化图案化。

绿的木，蓝的水，黑的土。

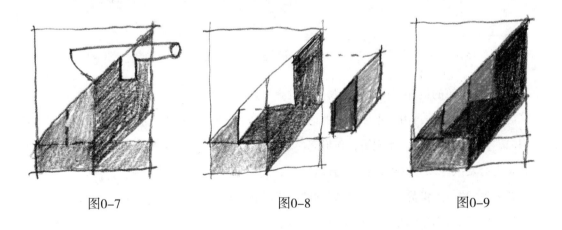

图0-7　　　　　　　　　　　图0-8　　　　　　　　　　　图0-9

图0-7：营造，是物质转化和重新组织。取木，取土，取水。

图0-8：营造，在物质转化和重新组织过程中，新质的出现。一个相似的斜面形体轴测出现了，这不仅是物质的。

图0-9：建筑营造体系，新的相似的斜面形体轴测反映在产生它的原质上，并构成新的五质。这是关键的一步。

五种颜色，五种原质：金黄（技术）、木绿（材料）、水蓝（环境）、火红（智慧）、土黑（宝藏）。

技术、材料、环境、智慧、宝藏，建筑营造体系的五大元素。

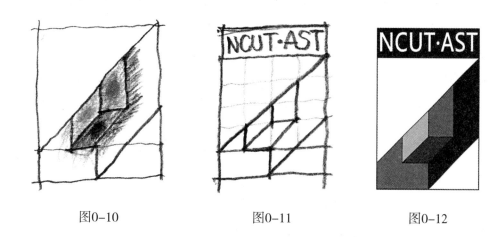

图0-10 　　　　　　　　图0-11 　　　　　　　　图0-12

图0-10：这张图局部涂色，重点在金黄（技术）、水蓝（环境）、火红（智慧），意在五大元素的此消彼长，而其人的营造行为意义重大。

图0-11：将标识的基本线条组织再次确定。轴测的型与型的轴测，标识的平面感。NCUT·AST就是北方工业大学/建筑/体系/技艺，也就是北方工业大学建筑营造体系研究。

图0-12：正式标识绘制。

NAST，是北方工大建筑营造研究的标识。

话题转而严肃。近年来，北方工大建筑营造研究逐步形成以下要义：

1. 把建筑既作为一种存在，又作为一种理想，既作为一种结果，更重视其过程及行为，重新认识建筑。

2. 从整体营造、材料组织、技术体系诸方面研究建筑存在；从营造的系统智慧、材料与环境的消长、关键技术的突破诸方面探寻建筑理想；以构造、建造、营造三个层面阐述建筑行为与结果，并把这个过程拓展对应过去、当今、未来三个时间；积极讨论更人性的、更环境的、可更新的建筑营造体系。

3. 高度重视纪实、描述、推演三种基本手段。并据此重申或提出五种基本研究方法：研读和分析资料；实地实物测绘；接近真实再现；新技术应用与分析；过程逻辑推理；在实践中修正。每一种研究方法都可以在严格要求质量的前提下具有积极意义，其成果，又可以作为再研究基础。

4. 从研究内容到方法、手段，鼓励对传统再认识，鼓励创新，主张现场实地研究，主张动手实做，去积极接近真实再现，去验证逻辑推理。

5．教育、研究、实践相结合，建立有以上共识的和谐开放的体系，积极行动，潜心研究，积极应用，并在实践中不断学习提升。

"建筑营造体系研究系列丛书"立足于建筑学一级学科内建筑设计及其理论、建筑历史与理论、建筑技术科学等二级学科方向的深入研究，依托近年来北方工业大学建筑营造体系研究的实践成果，把研究聚焦在营造体系理论研究、聚落建筑营造和民居营造技术、公共空间营造和当代材料应用三个方向，这既是当今建筑学科研究的热点学术问题，也对相关学科的学术问题有所涉及，凝聚了对于建筑营造之理论、传统、地域、结构、构造材料、审美、城市、景观等诸方面的思考。

"建筑营造体系研究系列丛书"组织脉络清晰，聚焦集中，以实用性强为突出特色，清晰地阐述建筑营造体系研究的各个层面。丛书每一本书，各自研究对象明确，以各自的侧重点深入阐述，共同组成较为完整的营造研究体系。丛书每本具有独立作者、明确内容、可以各自独立成册，并具有密切内在联系因而组成系列。

感谢建筑营造体系研究的老师、同学与同路人，感谢中国建筑工业出版社的唐旭老师、李东禧老师和吴佳老师。

"建筑营造体系研究系列丛书"由北京市专项专业建设——建筑学（市级）（编号PXM2014_014212_000039）项目支持。在此一并致谢。

拙笔杂谈，多有谬误，诸君包涵，感谢大家。

贾　东
2016年于NAST北方工大建筑营造体系研究所

前　言

最初关注到文化建筑是从教学开始的，教学中的博物馆建筑设计使我开始有意识地观察博物馆建筑中空间组织和使用情况。随着这些年对相关类型建筑的关注，还有自身体验的增加，我逐渐认识到在文化建筑中，对于普通大众来讲，公共空间是他们在使用文化建筑时，接触最多，影响最大的空间类型之一。这些公共空间虽然不是文化建筑中的主体空间，但却直接影响着人们对文化建筑的使用感受和评价，因此笔者将对文化建筑设计的关注点聚焦于此。

本书分为两大部分，第一部分包括第1章，第2章，第3章，主要对国内外文化建筑公共空间的发展、现状、存在的问题以及相关影响因素进行分析。第二部分包括第4章和第5章，提出文化建筑公共空间具有开放性、系统性、复合化、舒适性等特征，以及若干设计营造方法，如动态吸引、延续发展、渗透消解、并置共享、分解层次等。本书希望通过对大量当代文化建筑营造案例的分析，为当前国内文化建筑公共空间的建设提供一些可供参考的借鉴和思路。

在写作过程中，笔者不断意识到自己对公共空间这个问题的认识具有局限性，书中所呈现的只是文化建筑公共空间营造中的沧海一粟。随着写作越来越深入，这种感触也越来越强烈，笔者希望在后续的研究中能够进一步深入探索。

在团队支持和"北京市专项——专业建设—建筑学（市级）PXM2014_014212_000039"、"2014追加项——促进人才培养综合改革项目——研究生创新平台建设—建筑学（14085-45）"、"本科生培养—教学改革立项与研究（市级）—同源同理同步的建筑学本科实践教学体系建构与人才培养模式研究（14007）"，以及"教育部人文社科青年基金项目：基于文化模式的北京村落活态保护研究（15YJCZH123）"的资助下，本书最终得以出版。作为"建筑营造体系研究系列丛书"的其中之一，期望本书的出版能够为团队的研究贡献绵薄之力。由于笔者在见识和能力上的局限，本书难免有不足之处，还望各位读者不吝指正。

目 录

第1章　文化建筑及其发展

"文化"一词出自《易经》:"刚柔交错,天文也;文明以止,人文也。观乎天文,以察时变,观乎人文,以化成天下。"文化是"人文化成"一语的缩写,这说明自古以来,文化既包括表明其与人,与环境等众多要素的密切关系。在《文化联系》一书中作者伯纳德·奥斯特利指出:"文化是我们的环境和我们适应环境的方式,文化是我们已经创造的世界和仍在创造的世界,文化是我们看待世界的方式和促使我们改变世界的动力。"自从有了人类对自然和自身的探索,就有了文化的开始。文化是人类在进化过程中对自然环境不断认识并建构自身特质的累积。文化的概念和含义涉及广泛,文化虽然不是盛下人类所有事物的包罗万象的容器,但文化的确渗透于人类生活的每一个毛孔,文化在我们的生活中无处不在。

当代世界正处于深刻的全球巨变和社会转型之中,人类社会的生存方式正经历着深层次的转变,在这样的转变中,文化在人们生活中占据着越来越重要的地位。在当今时代,全球都在经历着以信息技术为先导的市场化、信息化与知识化,以科技信息革命驱动的第三次浪潮,正在彻底改观建立在工业革命之上的现代文明。人类不再像农业社会那样家庭与生产活动处于统一状态,日常生活占据大部分生活时间和空间;也不再像工业社会那样人们的生活处于严重的异化状态,人成为物质的奴役。在这样一个社会发展的进程中,经济的高度发达和生产的高度智能化让人们从工作中解放出来,获得经济收入不再是人们生活工作的唯一及首要目标,人们更加注重生活的质量,渴望表达自我和从事有意义的工作和生活,以实现自我价值和社会认同,文化活动成为人们日常生活中的重要需求。

人类过去在生产上主要听命于自然必然性、在消费上主要受制于自身的生物性、在流通上主要受制于地域性的经济活动。如今人类已经在很大程度上克服种种自然限制的,更加渴望拥有更多具有创造性、享乐性、审美性的自发的文化活动。人类正在朝着一个新的时代—文化时代—迈进,文化在社会历史舞台已经从幕后走向前台。文化因素在整个经济中占据日益重要的地位,文化产业的兴起成为整个经济增长中最引人注目的亮点,文化成为推动社会经济发展的重要力量。

在这样的背景下,全球都在经历着文化建筑建设的热潮。建设者期望通过文化建筑的建设,传播人类共有文化,表达城市的形象和思想,丰富人们的精神生活。人们渴望在文化建筑中与先哲交谈，与今人共语，与自我对话。可以说，文化建筑承载着各方的希望，在人们的生活中占据着越来越重要的位置。

1.1 文化建筑的概念

文化建筑通常是指为大多数公众服务，具备交流、博览、娱乐、休憩等基本功能，以信息交流和精神愉悦为根本目的，对发扬和传播传统文化和当代文化有特别意义的建筑场所。文化建筑一般包括博物馆、图书馆、展览馆、音乐堂、会展中心、档案馆、美术馆、艺术中心、剧院等。

1.2 文化建筑的发展

文化建筑建设的目的、用途、管理方式、建筑形态、空间组织等在历史发展过程中不断变化。以博物馆为例，我们沿着公共博物馆发展的轨迹，回顾一下文化建筑在人类文明历史中的发展和变化。

最早的公共博物馆是以法国大革命后的卢浮宫为标志的。在此前，欧洲的艺术品、古迹珍品主要是掌握在王室、贵族、教会的手中，为私人所拥有。法国大革命之后，王室收藏被收归国有，以博物馆的形式对市民开放。卢浮宫博物馆的公众化标志着博物馆首次将服务对象界定为普通民众，并且确立了博物馆的公共性、教育性以及在宗教上和政治上的中立性。此后，在欧洲各地出现了许多公共博物馆，这些公共博物馆多数是由各地王室为了加强国民素质或是炫耀本国财富而建。可以说，在19世纪的欧洲，开设公共博物馆成为一种时尚。

起初的博物馆主要用于展示王室、贵族的收藏，这些收藏所涉及的地区十分广泛、历史年代跨度也很大，比如他们在航海时代、殖民地时代所搜罗的各地珍宝、文物。博物馆在当时的年代就像一部全面而系统的实体百科全书，博物馆的兴起大大促进了当时的科学研究和新的发明发现。可以说，蓬勃发展的博物馆是第二次工业革命的推动力之一。在20世纪初，随着世博会的热潮的蔓延，科技博物馆开始流行，成为促进社会科技普及及进步的重要媒介。

两次世界大战之后出现的冷战使欧洲博物馆的发展落后于美国。这一时期，由于大量的个人捐赠，包括收藏品和资金的涌现，美国出现了许多大型的博物馆及博物馆基金会。博物馆作为文化教育的重要手段不仅使美国民众获益，而且对传播美国文化起到了至关重要的作用。例如，游客到纽约或华盛顿旅游的人都会在大都会博物馆以及其他众多的博物馆中细细品味，从而或多或少接受了美国国家文化的影响。

冷战后，欧洲各地如雨后春笋地出现了大量的战争博物馆、大屠杀纪念馆以及各种区域文化和民族文化博物馆。一方面，人们期望通过博物馆的建设和人们对博物馆的利用加强对战争的反省和对本地区、本民族文化的重视，特别是犹太人博物馆。另一方面，由于民主意识已经成为当代艺术的核心，也催生了许多现代及当代艺术博物馆。

作为历史、文化的重要载体，博物馆不仅见证着古代文明，同时也展示着各国、各地区、各民族的历史、文化，或者是一个企业的历史、文化，一个科学家、文学家、艺术家的个人生活轨迹。通过让游客参观、了解、学习、参与，博物馆将各国、各民族的历史文化体系得以继承和发扬。各种企业博物馆相互之间的竞争和私人艺术博物馆的兴起也丰富了文化的多样性，推动了新的建筑文化的形成和发展。

同时还可以发现，博物馆与城市发展、城市规划也有密不可分的关系。一般来说，一个博物馆是一个城市的注脚、说明，在这里可以查询关于这个城市、地区的历史、文化信息。而像华盛顿、巴黎、罗马、维也纳等重要城市的博物馆，都位于城市最中心的位置，它们不仅是作为一个城市的文化中心，更是本国文化的表达与体现。

今天的博物馆呈现出多元化的趋势：一方面，各个城市将博物馆作为本地区旅游产业的重要组成部分而大力扶植，城市博物馆、区域博物馆、名人博物馆、专题博物馆、特色博物馆应运而生。如毕尔巴鄂古根海姆博物馆成为城市复兴的启动器，创造了城市的标志和象征；另一方面，企业博物馆成为传播企业文化、品牌的新途径博物馆，如奔驰、保时捷、宝马企业所建的博物馆，而私人艺术博物馆在各地也是方兴未艾，成为展示企业家们艺术品位的名片。例如慕尼黑的布兰德豪斯特、乌尔姆市的威森豪普特等私人美术馆，这些都形成博物馆建设的多元要素。

从以博物馆为代表的文化建筑发展历史来看，文化建筑反映了社会生产方式、意识形态的转变，其发展必然受到生产方式、社会意识、文化发展等的影响。当今社会，世界经济有了飞跃式的发展，在从工业社会到信息化社会的发展转型中，人们更加重视精神上的愉悦和生活品质的提高，文化建筑在社会和经济发展中占据着越来越重要的地位。

刘易斯·芒福德在《城市发展》一书中，将城市的出现很大程度上归源于精神力量，他在书中写道："在城市作为人类的永久性固定居住地之前，它最初只是古人类聚会的地点。古人类定期返回这些地点进行一些神圣的活动。所以，这些地点是先具备磁体功能，而后聚备容器功能的。这些地点能把一些非居住者吸引到此来进行情感交流和寻求精神刺激，这种能力同经济贸易一样，都是城市的基本标准之一，也是城市固有活力的证据"。尽管这种"城市起源文化说"仍有值得商榷的部分，但文化与交流在社会发展中的重要地位可见一斑。

自2000年以来，文化就成为城市发展的重要资源，文化资源成为城市核心竞争的重要手段之一，也是最具潜力的发展手段。因此，文化建筑在城市中的角色也从传统意义上辅助性的市民文化娱乐休闲空间转变为具有重要指导意义的城市文化生产空间，文化建筑的内涵与外延发生了巨大的改变。

国外众多大中城市修建具有标志性的大型文化旗舰项目都对城市的发展和拓展起到了极大的推动作用，这些城市通过文化建筑不仅彰显了城市在文化发展上的特色，同时也借助文化设施水平的提高实现了城市经济生产的转型，从而提高城市竞争力。从这种意义上讲，当代文化建筑的建设代表着社会经济发展的新趋势，也代表了人类社会发展的反思与探索。

1.3 我国文化建筑的现状

自2000年以来，我国文化建筑迅猛发展，人们意识到文化建筑对于城市形象和城市生产力、城市凝聚力的重要作用，各地文化建筑的建设速度和质量大幅提高。但由于改革开放之前建设基础的薄弱，我国公共文化设施的数量和人均拥有率仍较欧美发达国家有着明显的差距。

1978年，我国全国城市人口不到2亿，拥有图书馆1218个，博物馆349个，美国同期人口约1.5亿，拥有图书馆8456个，博物馆2500个，我国公共图书馆和博物馆每万人拥有率大约是美国的1/8。2008年，我国城市人口约6亿，拥有图书馆2820个，博物馆1893个，美国同期人口约2.5亿，拥有图书馆9221个，博物馆17500个，我国公共图书馆和博物馆每万人拥有率不足美国的1/13。可以看出，虽然在这一时期，我国城市化水平快速提高，但人口激增，城市文化设施的建设远远没有跟上人口增长的速度。

文化建筑是城市文化形象的纪念碑，也是市民休闲文化生活的重要舞台和场所，文化建筑是文化得以生产、消费、流通的重要载体。对比我国和主要国际城市文化设施的建设，可以看出我国在文化设施的数量、人均占有率和参与度等方面还有一定差距。

主要国际城市文化设施比较 表1-1

指标	北京	上海	东京	伦敦	巴黎	纽约
公共图书馆数量	305	236	377	3952	3032	2552
公公美术馆数量	159	111	166	1842	1572	1012
表演艺术及休闲娱乐设施的数量（剧场、音乐厅、电影院）	184	273	2372	3202	2462	3752
人均拥有的图书馆藏量（册）	2.08	3.4	4.12	2.25	2.20	1.50
最大5家博物馆和美术馆的年参观人数（百万/年）	N/A	N/A	6.72	20.42	20.22	8.32

（数据来源：推进全国文化中心建设，北京市人大常委会课题组，2012）

我国的公共文化设施不仅在规模和数量上存在问题，在使用、管理中也存在问题。现有的文化设施，目前更多的停留在提供演出和展出的层面上，市民的参与形式主要还是欣赏和观赏，即停留在一个被动接受的阶段，市民的日常生活很难与之发生联系。对于传播发扬城市文化，提高城市凝聚力，使文化活动成为城市居民记忆中长存不衰的集体记忆，这样的文化建筑仍然不具备足够的包容力和影响力。因此，加强文化建筑与城市的联系，提高文化建筑的公众参与度，创造丰富的文化建筑公共空间，让文化建筑成为人们日常生活的一部分，是目前文化建筑发展的重要课题。

第2章　当代文化建筑公共空间

2.1　文化建筑公共空间的意义

著名学者汉娜·阿伦特曾经对"公共性"一词的意义进行过深入的剖析，她指出公共性有三方面的含义：公开性，多样性和共同性。

公开性，指凡在公开场合的东西都可以被每个人所看见和听见，每一个在场的人都成为当时场景的见证人和记录人，人们之间的活动通过在场的无数视点被呈现出来，人们能够被他人看见和听见，个人的存在被他人印证。这一点是人们生存的重要基础，却常常在人们的生活中被忽略。多样性，指在公共空间中人们能够体验到个体与他人的不同，这种不同性能够被包容和传达。共同性，是指在公共空间中人们与他人建立联系和隔离，人们通过在公共空间内对共同事物的参与，使每个个体都受到激发，并最终形成一种牢固的情感纽带，形成一种共同的想象，这种共同的想象使人们对特定公共空间产生归属意识。

汉娜·阿伦特曾经做过一个形象的比喻，她认为在一个公共空间中的人们就好像坐在一张桌子周围的人们，公共性就像桌子一样既将人们联系起来，又将他们隔开，一旦失去公共性，就好比桌子消失了，此时人们不再被隔离，但同时也不再被任何有形的东西联系起来。

文化建筑本身就具有城市公共空间的性质，文化建筑中公共空间的公共性对于城市文化、市民生活具有重要意义，这主要体现在以下几方面：

首先，文化建筑公共空间具有公开性。在文化建筑公共空间中，人们共处在同一空间中，可以被别人看见和听见，可以共同见证在当下场景中的共同事件，个人的存在能够被他人见证，人们生存的意义能够得到证实。公共空间为人们的个体存在提供认证平台，它成为社会联系的物质纽带，是强化社会沟通和认知的物质基础。在信息时代人们很多时候足不出户就可以做成许多事情，然而面对面的交往对于一个正常的社会来讲变得更为重要，人们只有在真实的社会环境和交流中，才会产生发自内心的满足感和幸福感，文化建筑公共空间恰恰能满足这种出于人本性的需求。文化建筑公共空间的公开性为人们提供了共同在场和相互交往的社会环境，为人们对个体存在价值的认同提供了基础。

其次，文化建筑公共空间具有多样性。城市的特点是城市人口规模大，人口密度高，人口的异质性强。城市公共空间的意义就在于为有差异的社会和日趋于疏离的社会提供相互了解、交流和融合的机会。文化建筑公共空间是促进社会不同阶层交流和融合的平台，文化建筑公共空间能够以文化为介质，以文化活动为契机，提供容纳不同的社会人群及多元化活动的场所，为城市市民提供充分交往的自由，减少因隔离而引发的负面影响，促进人们之间的理解和包容。

最后，文化建筑公共空间具有共同性，因其具有明显的标志性和场所性，成为人们体验和认知城市的主要领域。人们进入文化建筑公共空间，共同参与发生在其中的公共文化活动，这些空间体验与活动经验成为城市人们的共同记忆与想象。通过这种共同的体验与想象，将城市居民牢固地联系起来，公共空间成为维系社会关系和形成个体归属感的重要纽带。通过市民参与公共生活，经过历史的积淀与陈酿，公共空间成为集体记忆的核心场所，成为城市精神和文化的象征，传承着城市的传统与历史。

2.2　当代文化建筑公共空间的发展

文化建筑在建设之初是为了文化的继承与传播，设计重点在于文化在建筑中的储存、展示、学习、传播。随着消费时代和信息时代的发展，人们在文化建筑中的追求不只是对文化知识的渴望和学习，同时还衍生出人与人交流的渴望，人们对自己认同的满足以及社会集体印记的共同需求。文化建筑中的公共空间不再是文化建筑的附属空间，而成为其诸多功能空间中的重要一环。

早在1875年，巴黎歌剧院的建设就不仅以建筑立面和内部装饰雄伟庄严、豪华壮丽而闻名，设计者加叶尼还重点考虑了建筑中的重要交通空间——主楼梯的设计（图2-1）。在设计中，加叶尼仔细分析了歌剧院的作用，他认为歌剧院不只是人们来到此处聆听、观看最新歌剧的场所，还有更重要的目的是人们来到歌剧院看见别人和被别人看见，进行社交活动是当时社会歌剧院中隐藏的一个重要功能。为了进行设计，加叶尼花费大量时间在巴黎已建成文化设施中观察和记录人们在其中的使用情况：人们如何移动，如何停留，多少人在一起聚集闲谈，不同人群之间习惯保持的距离，等等。基于这些观察和设计，他设计出巴黎歌剧院的前廊、入口门厅、主楼梯、走廊，休息大厅等公共空间。他把这些空间不仅看作是交通空间，更是人们展示自己，与人交流的重要交往空间。巴黎歌剧院建成后，立即成为当时巴黎社会的重要社交空间。可见，文化建筑所具备的公共性社会意义早在19世纪就已经被建筑师敏锐地体察，并挖掘表现出来。

大家所熟知的贝聿铭设计的法国卢浮宫博物馆金字塔改造项目，是当代最有代表性的文化建筑公共空间发展的实例。卢浮宫始建于1204年，原是法国的王宫，是法国文艺复兴时期最珍贵的建筑物之一，以收藏丰富的古典绘画和雕刻而闻名于世。历经600多年建造，形

图2-1　巴黎歌剧院的前廊、入口门厅、主楼梯、走廊，休息大厅等处都已成为重要的公共交往空间

成一个规模宏伟的建筑群。1793年8月10日，卢浮宫艺术馆正式对外开放，成为一个博物馆。
1981年，时任法国总统密特朗提出卢浮宫改造计划，邀请贝聿铭为博物馆设计新的入口处。

　　原有博物馆面积庞大，展品数量众多，但流线单一、局促，公共空间少得可怜，人们在
博物馆中的行为受到多重限制，无法尽情享受在博物馆中的生活。贝聿铭先生经过深思熟
虑。提出在入口处新建一个"金字塔"的方案，将人们的流线引入地下。有了这座"金字
塔"，观众的参观线路显得更为合理。观众在这里可以直接去自己喜欢的展厅，而不必像过

去那样去一个展厅必须穿过其他几个展厅，有时甚至要绕行七八百米。有了这座"金字塔"，博物馆便有了足够的服务空间，包括接待大厅、办公室、贮藏室以及售票处、邮局、小卖部、更衣室、休息室、购物空间等，卢浮宫博物馆的服务功能更加齐全，人们在博物馆的驻足、停留、休息、购物等各种行为都有了充分的理由和空间。

入口公共空间的改造为卢浮宫博物馆带来了勃勃生机，这一公共空间的加入使博物馆不再是一个只能按照固定流线进行固定行为的空间，而成为人们有着多种选择的自由活动的场所，逛卢浮宫博物馆成为人们悠闲放松的业余活动。同时，这个入口公共空间本身也成为多种人流聚集、停留、分散的场所，多种空间功能的混杂，多种人流流线的交织，阳光从地面直射入地下，将地面空间与外界联系在一起，这一处空间成为多种元素共生混杂的地方，人们在此充分感受他人的存在和公共活动的魅力（图2-2）。

文化建筑要想成为人们日常生活的一部分，不仅要提供自由轻松的空间和氛围，还要力图创造将人们与文化建筑连接起来的契机。OMA在设计葡萄牙波尔图音乐厅时曾提出：大多数文化建筑只服务于一部分人，只有少数人知道里面发生了什么，而大多数人只能知道它的外部形式。

按照丹麦著名公共空间设计大师扬·盖尔的说法进入建筑是一种必要性活动，而人们在城市中的活动大部分是偶发性的活动或自发性的活动，比如经过某地小坐一会儿，办事情的时候等人，下雨天避雨等。进入文化建筑时人们通常需要下一个决心，安排好一段时间，这些都减少了人们进入文化建筑的可能性。所以在设计中降低人们进入建筑的难度是库哈斯在设计波尔图音乐厅时的主要议题，最终库哈斯将人们行为的多种可能性保留在波尔图音乐厅的内外空间之中。

库哈斯在《内容（Content）》一书中写到设计这个建筑时提出的一些问题："如何在那么多标志性建筑的时代建造一座可信的建筑？在市场经济时代是应该建造一座公共建筑还是创造城市公共空间？难道这（仅仅）是在纪念碑式的广场上的一座新建筑吗？"库哈斯一直认为公共建筑不应该是仅仅为一部分人服务，对于那些不进入建筑的人们，也应该有机会了解这个建筑，体验它的空间魅力，感受它的艺术氛围。

波尔图音乐厅正是基于这样一个理念来进行设计的。为了让音乐厅及其基地与城市发生尽可能多的联系，音乐厅的外部形态被库哈斯处理成一个被切削过的钻石，腾让出城市的底部空间。音乐厅也设置多个入口开放给民众，购票处设计在建筑内部，因此城市居民可以自由地进入音乐厅。广场以和缓的坡度向东北和西南两个方向起伏延伸，公交车站、咖啡厅、地下停车场的入口等设施都自然地隐没在广场的下方，与城市空间自然衔接。

建筑内部一条环绕大音乐厅的连续流线将所有的公共空间和服务空间连接起来。库哈斯

图2-2　改造后的卢浮宫入口，使卢浮宫成为人们进行文化休闲生活的场所

使用巨大的楼梯、台阶以及露台、自动扶梯等元素，当人们走入其中，便可以随着空间感受到不断变化的城市景色和建筑构件的片段。流动空间不仅是交通服务，更重要的是它变成一个社交区域，人们可以在这里停留、小坐、交谈，并欣赏大厅内的景色。大音乐厅的两侧都有玻璃墙体，观众也可以从墙上的曲折玻璃墙体看见演奏厅内的排演情形，音乐厅本身也成为舞台的一部分。在这个设计中，城市与音乐厅、观看演出的市民和演奏者、建筑内与外的空间，都互相交叉，共同演绎着人们相互交往的和谐乐章（图2-3）。

图2-3　波尔图音乐厅中城市与音乐厅、观看演出的市民和演奏者、建筑内与外的空间，都互相交叉，共同演绎着人们相互交往的和谐乐章

　　波尔图音乐厅的设计不是把人们拒之在建筑之外，而是向城市展开了自己的内部，努力使人们能够轻松地进入音乐厅、使用音乐厅。如何吸引人们来到这里？如何使他们享受在建筑中的公共生活，使音乐厅为市民服务？这些正是文化建筑公共空间设计中的首要问题。库哈斯一直致力于研究人们对于平等、自由使用空间的需求，并不断在自己的设计中满足人们藏在内心深处的渴望。

　　随着时代的发展，人们对空间功能的要求不再单一化，人们对人与人面对面的交流表达需求日益增强，文化建筑的公共空间不再仅仅指门厅，中庭等交通空间和服务空间，在现代社会的发展中，原来属于功能空间的部分，如展厅、表演厅，阅览厅，如今也逐渐成为公共交往空间的一部分。

在赫尔佐格和德梅隆设计的以色列国家图书馆方案中，他们以在图书馆中创造社会化环境为设计主要意向。建筑空间以阅览书架为核心展开圆形开孔中庭，垂直串联起一个偏转的同心圆开放体系。建筑下部为传统书籍，逐渐上升演变为当代的多媒体信息知识，从历史到未来层叠演变，最后逐渐融入城市上空。读者在这个同构开放的共享空间内，不仅在书籍知识上感受到历史的珍贵和未来的希望，更重要的是开放的空间使在场的人们处于同一时空，人们能够感受到同类的存在。到图书馆读书，由纯粹获取知识的行为变成多重愉悦的体验（图2-4）。

纵观文化建筑公共空间的发展，由最初的不被重视到逐渐成为空间体验中的重要组成，公共空间的组成也由单一的交通空间、服务空间逐步扩大所涵盖的范围，人们在公共空间中的行为由静态单一的展示和交流到动态复杂的鼓励自由探索的多样性交往活动。文化建筑公共空间正逐渐走向多层次复合化的动态发展趋势。

"当游人能在公园、公共门厅或门廊内悠然进入梦乡时，这就是这些公共场所取得成功的标志。"这一场景是亚历山大在《建筑模式语言》一书中关于在公共场所打盹的美好构想，这也是我们营造文化建筑公共空间时的美好梦想，希望有朝一日我们的文化建筑公共空间也能够被各类人群充分地自由使用。

图2-4 以色列国家图书馆设计方案以在图书馆中创造社会化环境为主要意向

2.3　文化建筑公共空间的分类

文化建筑公共空间的分类方法很多，不同的分类方法对于理解公共空间的不同属性具有一定的意义。下面我们就从不同角度来简要讨论文化建筑公共空间的不同特性。

文化建筑公共空间按照所处的位置分为建筑外部公共空间、建筑内部公共空间及过渡空间。文化建筑外部公共空间介于建筑用地内和建筑实体之外，包括建筑外部广场，道路、绿化及设施小品等。由于这一部分空间与城市紧密连接，因此成为文化建筑对市民的第一印象，决定着文化建筑与市民的关系，决定着文化建筑是否能够吸引市民来到文化建筑享受公共生活。建筑外部道路联系着城市与文化建筑本身，其通畅的可达性能够带领市民轻松进入文化建筑内部。建筑外部广场是人们进入基地后的首要节点，为人们的停留提供空间基础，而停留时间的长短意味着人们进行公共交往的可能性和质量。建筑外部绿化及设施，为人们的行为提供舒适的环境，增加绿化和设施的可参与性，能够大大增强人们在文化建筑中进行活动的意愿。同时需要注意的是，建筑的外部形象是建筑外部公共空间重要的界面，外部形象传递着文化建筑所要诉说的语言，让人们体会着它的内涵和情感，同时建筑形态也决定着建筑外部空间界面的材质、尺度和性质，是建筑外部公共空间的重要因素。

文化建筑内部公共空间处于建筑物内部，包括门厅、中庭、走廊、休息厅及服务、餐饮、售卖等空间，有时甚至包括建筑功能空间。建筑内部空间提供的感受决定了人们对文化建筑使用的感受和认同。门厅起到建筑外部空间和内部空间的过渡和组织、集散人流等作用。中庭也具有相类似的作用，是对整个建筑内部空间流线的组织。巨大的中庭能够统领整个空间，使人们在进入建筑内部后第一时间了解建筑各部分关系，便于人们的行动和定位。同时，在建筑内部活动时，也能够随时看到他人的活动，享受到与其他人共同在场的共存感，这也是人们在信息时代放下电子产品来到公共场所的意义所在。走廊在建筑中起连接作用，在文化建筑中，作为公共空间的走廊，可以增加一定的宽度，增加走廊的界面开放度，增加部分座椅等设施，使走廊的纯交通功能趋于复合化。随着消费时代、信息时代的到来，越来越多的人们渴望来到文化建筑进行休闲、社交活动，文化建筑内部服务、餐饮、售卖等公共空间的丰富和舒适对提高文化建筑的吸引力也起到重要作用。

过渡空间介于建筑外部空间和建筑内部空间之间，最常见的过渡空间发生在建筑底层的界面或空间之内，其他也可以发生在建筑外界面，建筑的楼电梯等交通空间，建筑顶层等。过渡空间力图弥合建筑内外空间明确划分的疏离感，使人们能够获得从城市到建筑内部的连续体验。建筑底层是建筑与城市贴合最密切的地方，建筑可以采用底层退让、柱廊等方法营造介于室内和室外空间之间的灰空间，也可以采用玻璃等透明性材质加强室内外空间的联系，使城市中的人们能够看到建筑内部使用的情况，建筑内部的人们也能感受到同一时间城市中人们的活动。

在功能上底层空间也应该注意与城市功能的融合，如将建筑内部的咖啡、餐饮等功能对外开放，从而吸引外部人流进入文化建筑内部。除底层空间以外，只要你有足够的想象力，内外空间的过渡可以发生在文化建筑的任何地方。例如当年的蓬皮杜艺术中心，将建筑内部的自动扶梯、建筑设备等外挂于建筑外立面，建筑内外的界限被打破，建筑内部部件成为建筑外部广场的界面，在建筑外部的活动获得了建筑内部空间的支持，建筑内部空间得到了最大限度的延伸。走在蓬皮杜艺术中心的广场上，可以看见各式各样的活动，有傍晚出来摆摊的，有把广场当作舞台来练习的艺术学生，有路过停留看热闹的人群，也有在这里肆意奔跑的儿童，这里成为真正的市民活动场所，丰富的文化活动就是给予建筑最好的掌声（图2-5）。

图2-5 巴黎蓬皮杜艺术中心广场上热闹的市民活动

按空间形态可以将公共空间分为点状空间和线性空间。点状空间可以作为空间的起始端，如建筑的入口，也可以是空间的连接点。为不同形态的空间做连接和过渡，如过厅。还可以是转折点，作为一个重要的空间出现，与前后空间氛围有很大不同，如中庭。点状空间作为空间的重要节点历来受到重视，点状空间为建筑公共空间提供了共时性和并置性。

美国国家海军陆战队博物馆采用了辐射式布局，整体建筑及环境以圆形中庭为中心，不断向外辐射演变。在建筑形象上，博物馆以倾斜的桅杆及玻璃和钢材构成的锥形天窗为中心，模拟出美国人民心中熟悉的海军陆战队在战场上举起国旗的动人场景。建筑平面及场地以桅杆所在的锥心天窗为中心，天窗下部为圆形中央展区兼中庭。在这个中心空间能够了解建筑的布局，人们在大厅中穿行、停留、汇聚、分散，这一点状空间既是场地轴线的终点和高潮，也是室内空间的起点，它成为整个建筑及场地的重要节点，并不断提示人们体味建筑所蕴含的文化意味（图2-6）。

图2-6　美国国家海军陆战队博物馆的中心空间

线性空间包括水平线性空间和垂直线性空间。水平线性空间主要指室内外的道路、走廊、坡道等，联系水平方向的各个空间节点。垂直线性空间主要指景观电梯、楼梯、自动扶梯。线性空间往往被忽视，在建筑中仅仅完成交通联系的作用。其实线性空间在公共空间中占有重要的作用，它是人们的必经之路，它把不同性质、不同趣味的空间联系在一起，线性空间本身就具有多样性、连续性，与公共空间所要求的性质高度重合，如果能充分发挥线性空间的作用，一定能够激活文化建筑的公共活力，使人们在建筑中呈现自由流动的生动态势。

在堪萨斯城的纳尔逊阿特金斯艺术博物馆就是以线性空间作为整体空间的组织，为空间注入活力。阿特金斯艺术博物馆是一座扩建项目，建筑师以走廊、步道、坡道、楼梯等线性空间把新建的五个建筑部分和旧有建筑联系在一起。人们穿行于新旧建筑之间，随着线性空间的展开，游客不断体验到室内和室外的变化、视野范围的变化、光影的变化，建筑和景观在眼前不断流转，整个建筑场所都成为游客的体验区，线性空间在建筑与艺术之间构建了动态十足的空间张力（图2-7）。

按照功能分类，文化建筑公共空间可以分为服务空间、交通空间、景观空间等。服务空间包括服务于咨询、展示的公共信息空间，服务于消费的公共商业空间和服务于休憩的公共休闲空间。交通空间联系文化建筑内的各个功能点，应保证其顺畅通行。景观空间为室内创造了宜人的环境，景观的形态可以独立存在，也可以与休息设施相结合，为人们的停留驻足

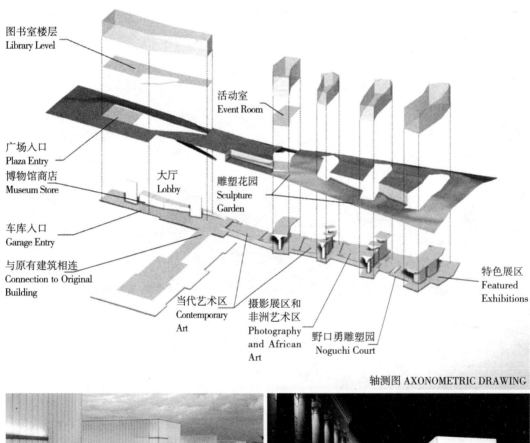

图书室楼层
Library Level

活动室
Event Room

广场入口
Plaza Entry

博物馆商店
Museum Store

大厅
Lobby

雕塑花园
Sculpture
Garden

车库入口
Garage Entry

与原有建筑相连
Connection to Original
Building

当代艺术区
Contemporary
Art

摄影展区和
非洲艺术区
Photography
and African
Art

野口勇雕塑园
Noguchi Court

特色展区
Featured
Exhibitions

轴测图 AXONOMETRIC DRAWING

图2-7 纳尔逊阿特金斯艺术博物馆以线性空间组织联系整个建筑

提供充足的理由，并创造出富有活力的公共空间。各类公共空间既有一定明确的功能要求，又同时为人群提供共处同一场所的空间条件，为人们的公共生活提供舞台。

　　按照公共空间界面的围合程度可以将公共空间划分为开敞空间和封闭空间，按照空间组织的特点可以将公共空间划分为动态空间和静态空间等。在文化建筑公共空间的设计中强调开放空间与动态空间的营造，空间的开放与流动能够最大限度地促进人们在建筑中的活动，包括活动类型的多样化，活动时间的延长，活动感受的丰富性。可以说，公共空间的开放性与流动性是文化建筑公共空间公共性的基础保障。一个建筑的公共空间如果没有一定的开敞空间和动态空间，这个公共建筑很难使人们产生自发的活动欲望，很难产生人们向往的公共交往与生活。但在文化建筑公共空间里，适度的封闭空间和静态空间也可以为人们提供独处与思考的空间，为人们提供具有安全感的空间，这些个人空间不同于私人建筑中的私人空间，它是在大公共空间范畴内的，人们在这样的空间同时享有公共性与个人性，这是公共空间中独具魅力的空间，同样应该得到重视。在设计文化建筑公共空间时，寻求两种不同性质空间的结合，满足人们内心深处独处与渴望看见他人的双重需求。公共空间能够容纳不同人群、不同行为、不同需求，公共空间只有具有多样的包容性，才能在文化建筑中孕育出人们的共享和交往。

第3章 当代文化建筑公共空间的相关因素分析

3.1 公共性

赫茨伯格在《建筑学教程》中认为，"公共"的概念是对于任何一个人在任何时间内均可进入的场所，而对它的维持由集体负责。在建筑与城市设计学科内，"公共"一词可以狭义地指城市中各级各类公共机构，这类机构的服务对象不局限于某一个人或某一群人，而是面对城市所有市民。文化建筑正是这类公共建筑，它的公共空间具有公共性，它应该平等地面对城市居民，容纳人们之间平等公开的交往活动，成为市民文化休闲活动的舞台，促进人们广泛地参与城市公共生活，促进人们之间精神共同体的形成。

文化建筑和城市公共广场不同，它属于一定机构管理范畴下，不能像城市广场一天24小时供市民使用。文化建筑一般具有一定的开放、关闭时间，对人们自由使用文化建筑产生一定影响。而这一限定又使人们在使用文化建筑时产生顾虑，人们需要事先筹划好时间，做好充足的准备才能前往文化建筑。这种时间和管理上的限定，影响了文化建筑的公共性。

目前我国还有很多文化建筑仍处于高高在上的地位，它们仅仅担负着城市形象代言人的职责，而和城市生活、市民文化有较大隔阂。日前，笔者来到某城市颇负盛名的大剧院参观，结果发现大剧院平时不对外开放，只有演出时可以入内。而每周的演出时间只有两场，周一和周五晚上各一场，算下来一周只有几个小时的时间是对市民开放的，建筑周围也徒具空旷的场地，从城市干道到精心设计的景观序列，由于道路漫长以及冬季的寒冷，反而分割了剧院与城市。大剧院的设计名曰提升市民文化生活，其实只是增加了城市对外的一张名片。白天到这里慕名参观的人只能在建筑外部转一圈，扒着窗户缝向内张望一下，建筑与城市的互动不知从何谈起。可以想像建筑的管理者和设计者在定位时，并没有把建筑的公共性置于首要地位，对公共建筑的认识仍然停留在把公共建筑看作对外炫耀和展示的橱窗，而不是真正把公众活动引入建筑之中，使公共建筑能够促进人与人交往，成为各类人群活动的容器。这样巨大的投资，换来如此小范围的人群使用和公共影响，实在是令人可惜。

虽然是在一定管理下的公共建筑，但通过建筑师的设计，文化建筑可以获得更多、更自由的公共空间为人们的活动提供支持，形成被人们认可的文化休闲活动的公共场所。如巴黎蓬皮杜艺术中心，虽然建筑有开馆和闭馆时间的限制，但在其前广场上活动的人群却是从早到晚，热闹不已，人们把这里当作自己熟悉的舞台和家园，来到这里表演、练习、观看、闲坐的人群络绎不绝，建筑及其广场已经完全融入市民的生活之中。

又如詹姆斯·斯特林设计的斯图加特美术馆也将公共性看作设计中的重要内容。斯图加特国立美术馆是当地名气最大的建筑物，坐落在市中心边缘的一个坡地上。新建博物馆建于1838年建的老馆旁边，1983年建成。新国立美术馆由建筑大师詹姆斯·斯特林设计，是他一生中最重要的作品，他也因此获得1981年建筑界最高荣誉：普利兹克奖。建筑中各种相异的成分相互碰撞，各种符号混杂并存，体现了后现代派追求的矛盾性和混杂性，斯特林也因此被冠以后现代主义大师称号。然而在建筑中最值得称颂的是斯特林在强调建筑的公共性方面，在处理城市与建筑关系中做出的努力。

1977年的斯图加特国立美术馆举行新馆设计竞赛，竞赛提出了新美术馆要解决与老馆之间的关联性，同时还要解决场地上颇具戏剧性的大斜坡的议题，竞赛的目的在于恢复斯图加特的城市活力和文化影响力。斯特林一改往日美术馆相对独立、自我封闭的内向式布局模式，把建筑融入城市整体环境之中，使美术馆新馆变成加强新老建筑和城市相邻街区联系的重要纽带。斯特林的新馆采用U字形布局，中间加圆形的露天雕塑庭院，并在其中设置一条可供穿越的公共步道。公共步道依据场地的高差设计成半圈坡道，可通向建筑背面的城市道路，而室内也有坡道可以进入中心庭院。场地的斜坡融合成为建筑的室外休闲步行区，这条动人的步行道贯穿了新旧美术馆，把城市两侧的人群吸引到美术馆内，让人们自然地参与其中，也把古典艺术的老馆与现代艺术的新馆通过建筑间的互相回应无缝衔接起来。屋顶活动广场、雕塑公园、公共步道，围绕中轴线的一系列公共空间的设置，渲染强化了斯图加特美术馆对于公众的公共开放性，处于城市道路两侧的市民可以方便地走捷径从公共步道穿过，也可以自然地利用这里的空间和朋友聊天、见面。建筑也就自然地融入城市生活之中，美术馆成为附近居民平时活动的日常城市公共空间（图3-1）。

3.2　消费性

在当今社会，经济发展是社会的中心，人们常常以经济发展状况来衡量一个国家、地区、城市的发展水平。随着信息化技术的发展，人们从单一的生产中解放出来，消费活动成为经济发展的核心推动力，并在焕发城市活力方面扮演着积极的作用，以第三产业为主导的当代城市化进程推进消费行为更为广泛、更为深入地嵌入人类日常生活之中。

在当代社会生产与消费关系中，消费正在逐渐取代生产，占据社会经济的主导地位。在这样的社会变革之下，当代城市空间也正在迅速地呈现空间消费化。在消费文化和消费行为的推动下，城市公共空间正在重构，大量文化建筑等公共机构由于政府不再是经济支持的主

图3-1 斯图加特国立美术馆中屋顶活动广场、雕塑公园、公共步道，围绕中轴线的一系列公共空间的设置，渲染强化了斯图加特美术馆对于公众的公共开放性

要提供者，导致这些机构逐渐商业化，大量文化建筑希望通过提升空间质量增加消费所带来的高附加值，城市公共空间的结构与功能开始全面而迅速地向消费方向转移。

消费本身与空间具有密不可分的联系，空间支撑着消费存在的可能性，而消费提升了空间的价值，使空间社会化、商品化、市场化。不仅如此，空间已经从原本单纯的作为消费对象存在的空间载体转变为消费对象本身。消费活动的空间载体也变成了可以被消费的对象。"空间像其他商品一样既能被生产，也能被消费。空间也成为消费对象。如同工厂或工厂里的机器、原料和劳动力一样。当我们到山上或海边时，我们消费了空间。当工业欧洲的居民南下，到成为他们的休闲空间的地中海地区时，他们正是由生产的空间转移到空间的消费。"①随着消费日益主导人们日常生活习惯之后，这种消费空间的转变越来越多地呈现在都

---

① 包亚明主编，现代性与空间生产，上海：上海教育出版社，2003.

市生活中，成为空间的基本特征。

　　文化建筑作为城市中的公共空间，人们在此聚会、体验，公共空间把建筑和城市休闲娱乐中心有机地结合起来。过去只有绘画或者音乐等艺术才能促使人们往来于不同的文化建筑之间，现在文化建筑本身就能使人们频繁地往来，文化建筑公共空间就能使这种往来变得更加有意义，空间自身成为消费的对象。

　　当今社会，人们的物质生活得到了极大丰富，消费行为不再只是满足基本物质需要，开始成为身份地位的符号化象征，以往单一确定的功能，无法满足人们对个体化差异和文化多样性的要求，空间的使用价值变得不再固定或明确。在多元化消费需求的刺激下，文化建筑的公共空间强调更加开放和灵活的空间形态和组织，传统上相对静止、固定一成不变的空间被消解了，取而代之的是具有更大灵活性的多元复合型公共空间。人们自由地参与空间，并通过自己的路径来建构各自独特的经验与认知，不再按照既定的功能和布局开展活动，文化建筑的空间营造形成从功能内容的复合到空间的复合的多重系统组织。

　　文化建筑公共空间的消费性带来了功能与空间的开放和复合诉求，这种开放性可能来自功能的多样，也可能来自持续变动的使用要求以及对此的高度适应，更可能意味着一种过程而非结果，即功能是在使用中激发的，而非事先规定的。这种开放和复合是来自使用者对体验感知、情感意义、文化身份等的追求，而不是简单的生理满足。在消费文化影响下，文化建筑公共空间的物质价值，从单一确定的功能追求转向多元复合化的动态体验。

3.3　人性化

　　所谓文化建筑公共空间的人性化是指公共空间设计能够以人为设计出发点，为人们的行为、活动、心理感受创造良好条件，让人在其中有充分的活动自由和愉悦的心理感受体验。在这样的空间里，人们可以通过各种行为活动共同分享、体验，获得亲切、舒适、自由、尊严、愉悦、轻松、安全、活力、有意味的心理感受。公共空间离开人的活动，就失去了意义。扬·盖尔在《交往与空间》中提到：有活动产生是因为有活动，没有活动产生是因为没有活动。在一处公共空间中如果没有人的活动，那么这个空间即使再大、再优美，也不能让人产生愉悦幸福的感觉，也不能成为人们生活和记忆的一部分。

　　以前我们在谈到公共空间时更多使用"公共场所"这个词，在我们的意象中，公共场所内的我们必须行为规范、文明，听从引导，因此公共场所常常带有规训的意味，带有集体主义时代的特点。随着时代的发展，公共空间的使用频率逐渐提高了，当我们说公共空间的时候，规训、规范的意味少了，公共空间的提法更加尊重个人感受和个人权益，对纪律、秩序的要求少了，对空间活力和活动多样性的需求多了，这体现出当代人们对于个体意识的重视。在我国的当前设计实践中，公共生活和个人体验虽然得到一定的重视，但对人们行为心理需求的研究仍然不够深入，假大空的公共空间依然存在，细致体贴的公共空间仍然被人们热切期盼。

文化建筑公共空间的终极目的是成为人们活动的容器和舞台，优秀的公共空间设计应能确保公共空间和公共生活之间产生良好的互动，对空间公共性问题的关注，将更多地引向社会、引向人的因素，使空间研究与城市生活和人们的行为活动紧密结合起来。因此，如何满足人们的活动行为要求和心理需求是公共空间的重要目的，了解人的需求，满足人的需求，是公共空间设计的重要一环。

文化本身就是人与自然，人与人交流所产生的关系和认识。文化建筑代表着交流的实体化。人们来到文化建筑，渴望与人类文明的交流，也渴望与现实中的其他人的交流。在文化建筑中创造与他人交往的可能，是文化建筑公共空间的重要目的。

根据扬·盖尔的分析，人们不同程度地接触从最初的被动式接触开始，到偶然的接触、熟人、朋友，直至亲密的朋友，强度逐渐提高。在公共空间中，人们仅仅通过观察体验他人的言谈举止，就可以为一系列的活动提供可能，如轻度的接触，进一步的接触，了解信息，获得启发或鼓励。在文化建筑中，人们的交往活动大多处于最初级的层次。这些初步交往行为虽然看起来很简单，但对人们的心理需求和深入交往发展却十分必要。它能够满足了人们被他人认知，与他人共享同一时刻，与他人形成共同记忆的深刻的内心需求，这些需求在当今信息时代显得尤为重要。

文化建筑内的公共生活行为可能包括在公共空间内看别人，被别人看，围观其他人的活动，驻足停留，小坐休息等基本的个人行为，人们也可以通过这些基础行为发展进一步的交往活动，与他人交谈，甚至参与活动。只有充分了解人们的行为特点，才能为人们提供适宜的环境。

"看与被看"是在公共空间中发生频率最高的活动，它不需要任何预设条件，它在一定程度上反映了人对于信息交流、社会交往和社会认同的需要。"人们闲暇时间中很大一部分是用在看人与被看这方面"[①]。

人们总是会被其他人的活动所吸引，因此公共空间里只要有人存在，无论是建筑室内或室外空间，人们或者人们的活动总是会吸引着另外一些人。人们由此产生互相的观看、吸引，从而引发更进一步的交往活动，新的活动可能就在人与人的互相关注中产生、发酵。

虽然看与被看的活动是人际交往活动中最浅层次的，是属于被动接触式的，但是活动却

---

① ［美］Albert J.Rutledge，王求是，高峰译《大众行为与公园设计》，中国建筑工业出版社，1990.

对素不相识的旁观者来说颇具吸引力。建筑中的楼梯、回廊、天桥、挑台、庭院等多种组合方式形成多层次的空间，互相融为一体，使用者在行进中无意间已经成为交往活动的参与者了。这种"舞台"与"观众席"的空间关系充分诱发着"人看人"现象的发生。

围观也是"看"与"被看"的一种特殊形式，是人们对于在当时环境中特殊的活动或事件的集体性"看"。它反映出围观者对于相互进行信息交流和公共交往的需要，在开放空间中，围观之所以特别吸引行人，在于这类行为具有"退出"和"加入"的充分自由，多半不带有强制性。

驻足停留是人们活动中必须的行为类型，人们的活动不能一直处于动态不停歇的状态，需要有停留的间歇。人们的停留活动需要一定空间的支持，如果空间过于开敞巨大，空无一物，人们在其中的停留会显得比较突兀。因此，在公共空间中需要提供凹处、转角、入口，或者柱子、树木、街灯之类可依靠物体的地方，在小尺度上限定了休息场所，才有利于驻足行为的发生。

良好的公共空间是能提供让人体验到愉悦感的场所，诸如必要的休息座椅，有食物、饮料等的提供，有遮风避雨的地方，有相对隐蔽的休息空间。人们在小憩时相对放松，舒适良好的休憩环境能够为人们的"看"与"被看"提供更加适宜的条件，也能够为人们的进一步交往提供可能。

在文化建筑公共空间中，对人的基本活动方式的研究有助于创造有吸引力的公共空间，使人们充分享受与他人共处的乐趣与意义，使公共空间真正成为人们生活的舞台和容器。

3.4　文化性

文化建筑较之于其他类型的建筑，最主要的特征就是其具有独特的文化魅力。拉普卜特在《文化特性与建筑设计》中认为："人之所以成为人，通常就由拥有文化来定义。既然环境行为学与人有关，也就必须考虑文化。因之，许多重要的群体特征都与文化息息相关。""群体特征因为具有文化性或受到文化影响而不同，从而可以使相似的环境对不同人群产生殊异的作用。"

文化在文化建筑公共空间当中并不是一个噱头，而是实实在在的空间属性。当代文化正呈现出生活化倾向，人们对城市文化的认识从抽象化逐渐转变为参与性，人们意识到城市文化是一个以社会公共生活为基础的、多向尝试与提炼的结果。文化建筑的魅力正在于它既为公众提供了城市记忆及多元的城市文化活动，又将这一文化属性带入到城市建筑与空间当中，深刻影响着市民。

文化建筑公共空间的文化性一方面体现在对城市文脉的继承和延续中，另一方面体现在公共空间对文化项目自身的表达中。丰富的文化内涵使文化建筑具有独特的魅力，成为吸引人们来到此处的重要手段。在文化建筑的公共空间设计中应充分发挥建筑本身所蕴含的特殊价值。

意大利恩佐·法拉利博物馆是为纪念传奇赛车手，法拉利品牌创始人恩佐·法拉利设计的，博物馆以表达法拉利发展的历史和进取的精神为设计重点。博物馆包括建于19世纪的一座老房子和车间，以及一座新建的博物馆建筑。老房子和原有车间基本保持19世纪的原貌，新建建筑采用法拉利标志性的柠檬黄色和鲨鱼腮的开口天窗造型，与原有建筑在材质、色彩、造型上形成强烈。新建博物馆的形态弯曲环绕着旧建筑，好像依托着旧建筑，两者之间在场地上形成有趣的张力。参观者伫立在新老建筑之间，不知不觉地体会着时间的沉淀和法拉利的创新理念。

在建筑空间上，老建筑相对封闭，新建筑则在面对中心场地和老建筑的一侧，设置入口、咖啡厅和书店等公共空间，公共空间采用大面积玻璃界面，为人们在室内提供了直接面对法拉利历史和发展的公共空间，游客坐在宽敞、明亮、动态的公共咖啡厅内，望着对面古旧但保存完好的旧车间，自然能体会到法拉利延续、创新的企业文化精神（图3-2）。

墨西哥的纪念和宽容博物馆是为了回顾和纪念由种族歧视引发的种族灭绝，它旨在引领人们回顾这段历史，反思这段历史。在由顶层"纪念"主题展馆向下走入"宽容"展馆过程中，游客被引入中庭。在中庭内设计师建造出一处僻静的沉思空间，悬吊在中庭之上。在这个自然光照的空间里，由两万颗"眼泪"构成的幕帘象征着大屠杀中逝去的灵魂。大量光线通过大面积玻璃射入中庭，不同主题的展厅以实体形式呈现在中庭周围的各处，实体的压抑

图3-2　恩佐·法拉利博物馆

肃穆展现着种族灭绝的惨烈，引人反思，明媚的阳光从天上射入建筑，又给人以希望。在这里公共空间不仅起到引导人流的作用，虚与实，明与暗的对比，也带给人们关于自由与压抑的深刻思考（图3-3）。

　　而马里奥·博塔设计的罗韦雷托现代艺术博物馆则采用了现代博物馆中少见的对称式布局，建筑以环形围绕内部的中庭，以玻璃桥架在空中联系两侧的建筑体量，丰富的光影与对称的建筑界面形成博塔建筑空间内独特的时间层次和历史气息。在博物馆内的公共空间，不论是室外的内庭还是室内的走道，都能感受到从无序到有序的充满矛盾的建筑空间，博物馆重新燃起人们对艺术的真实性和独特性的怀念之情，从而重新确立艺术的文化价值（图3-4）。

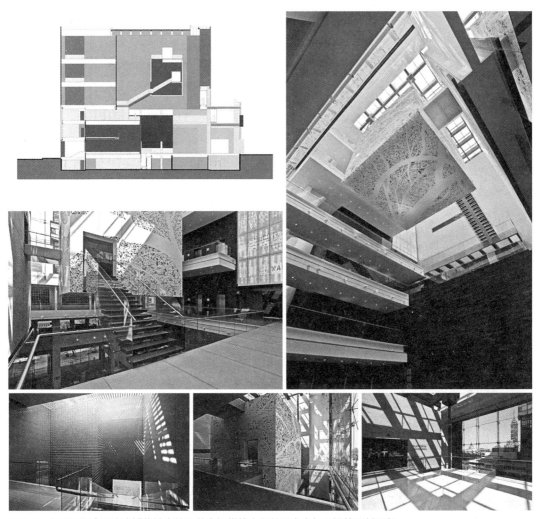

图3-3　墨西哥纪念和宽容博物馆中的公共空间带给人们关于自由与压抑的深刻思考

图3-4 罗韦雷托现代艺术博物馆的公共空间重新展现出古典美学的价值

第4章 当代文化建筑公共空间的特征

4.1 开放性

开放性指的是文化建筑公共空间向城市开放，能够被人们自由地使用。公共空间的开放性是公共空间公共性的体现。开放是一种态度，也是一种方法。文化建筑公共空间只有具有开放性，充分容纳和吸引人们来到文化建筑中进行文化休闲活动，文化建筑才能充分体现自身的价值。文化建筑公共空间具有开放性，通俗地说就是看得见，进得来。人们能够看到在文化建筑场地及内部公共空间中的活动，人们也能够轻松地进入文化建筑的内外公共空间里进行活动。

公共空间的开放性首先表现在建筑或场地对城市的开放。在城市中建筑不应自统一体，而应与城市相互关照呼应。一方面建筑可以在空间上互相呼应，退让边界以形成介于城市和建筑之间的公共空间；另一方面建筑公共空间的设计与城市的道路结构密切联系，甚至将城市道路与建筑内部道路贯通相连，建筑场地及内部空间成为城市的一部分，在建筑地下空间、空中空间、屋顶空间等与城市交通产生多方位联系。只有建筑小环境与城市大环境融为一体，文化建筑公共空间才能作为城市公共空间系统的一部分发挥其公共性。

减少空间界面对建筑内外空间的分隔也是增加公共空间开放性的重要手段。降低界面的围合程度，增加界面的透明性，创造柔性边界和过渡空间，使人们感受到公共空间的接纳和亲切感，想要进入，并且易于进入，是公共空间开放性的重要内容。

贝奇勒特博物馆位于美国夏洛特市，是马里奥·博塔2009年的作品。博物馆处于城市街道转角，对于街角空间，博塔做出了回应。博物馆共四层，底下三层为城市进行了退让，第四层的展厅作为一个巨大的体量悬挑在城市上空，下部由一根具有雕塑感的柱子在底层支撑，因此在城市的转角形成一个独特的公共空间，这个空间成为人们随时可以进入的城市与建筑共同拥有的空间，一个独具韵味的空间就此产生（图4-1）。

蓝天组设计的法国里昂汇流博物馆由基本的四部分构成：基座、晶体、云朵和景观。基座内包含博物馆所需的所有基础设施，像结实的锚一样扎根在地面上，上面的结构分散地坐落于一层或二层的基座上。朝北的晶体结构是建筑中的重要部分，它面向城市的中心，拔地而起40米，成为城市与建筑共同拥有的公共空间，它既是城市的汇聚点，又是博物馆的接待

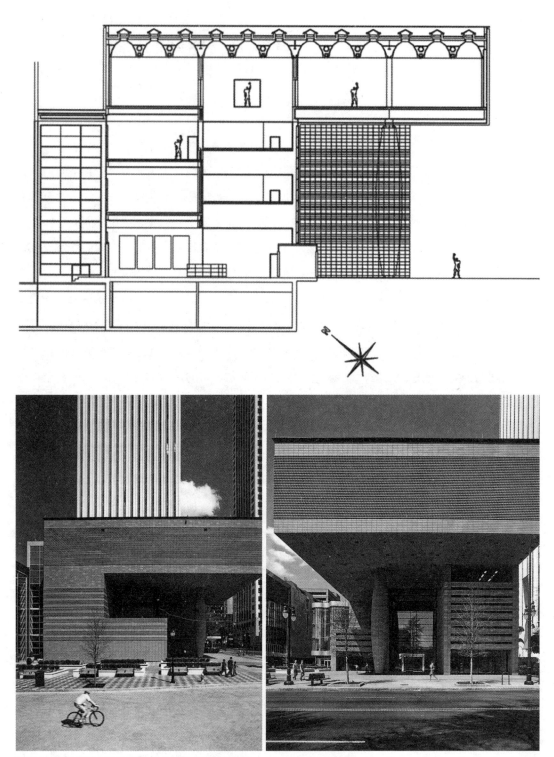

图4-1　贝奇勒特博物馆的角部空间处理为城市塑造了一个独特的公共空间

室，具有动态开放的多功能特点。人们可以自由出入于其中，在这里见面、散步以及举行各种活动。无需进入博物馆参观，人们也可以在这里进行公共空间的交往和活动。

建筑中的晶体结构是其公共空间开放性的重要体现，它对里昂市所有人开放，并且可以用于任何用途。建筑师设计的焦点并不在于所设计的各不相同的异形建筑形态，而是希望通过日夜与季节的时间交替，光与光的强烈对比中反映来赋予表现性的动态的相互作用力。这种相互之间的作用力使不同的事物相互支持和融合，这正与持续变化的展览主题内容相类似，即不断的变化和相互的渗透融合。博物馆不仅展现出了对城市市民的开放态度，也表现出对不断变化的知识和未来呈现出开放、拥抱、融合的态势，这种态度通过建筑实体中不同独立实体形态组合成新的动态结构，表达了汇流博物馆不仅是一座博物馆，也是一处与城市休闲功能融为一体的积极活跃的公共集会空间。

美国的圣路易斯艺术博物馆是美国领先的综合性艺术博物馆，藏品与卓越艺术品包括几乎每一个文化和时期的作品。原馆建于1904年，博物馆经过扩建，加建了东翼的新馆。新馆体量简单，比老馆略低。立面采用整面采光玻璃幕墙与23片巨型黑色抛光混凝土预制板构成，新馆平实的立面烘托出老馆的古典艺术气息。整面玻璃幕墙的设计打破了老馆的庄严神秘，使博物馆变得更加平易近人。站在博物馆正立面，可以同时看到有百年历史的老建筑和

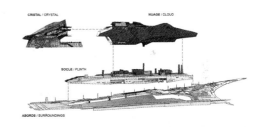

图4-2　汇流博物馆通过不同独立实体形态组合成新的动态结构，表达了博物馆也是一处与城市休闲功能融为一体的积极活跃的公共集会空间

大卫·奇普菲尔德先生设计的新馆，虽然两者在材质和形式上都有着各自鲜明的个性，但是新馆无论从哪个视角看起来都非常的低调。新馆联系着老馆和建筑周围的场地，使博物馆整体成为一个"向着四面开放的家园"，不论建筑室内还是室外，都可以看到环境、旧建筑、新建筑与室内空间的紧密联系，这是设计师心目中的现代艺术"乌托邦"，是一个向场地和大众开放的艺术圣地（图4-3）。

图4-3　圣路易斯艺术博物馆开放式的新馆使环境、旧建筑、新建筑与室内空间的紧密联系在一起

4.2　系统性

公共空间并非孤立的个体，它与其他空间共同组成城市空间大系统。文化建筑中的公共空间也不是独立存在的，它是整个城市公共空间的一个组成部分。作为一个系统的存在，文化建筑的公共空间是一个有结构、有层次的有机网络系统。

文化建筑公共空间的系统性体现在公共空间的不同层面。在宏观层面上，公共空间具有城市空间的结构特征，需要在城市整体关系中考虑，并在城市文脉、交通结构、空间脉络等变化中延续和发展。在中观层面，需要考虑文化建筑公共空间的形态特征，如界面、尺度、比例、连续性等。在微观层面，公共空间中的细部特征，如质感、设施、材质等是关注的重点。在一个整体系统中，公共空间不同层面的内容需要同时、整体、动态、关联地考虑。

格拉斯哥河畔博物馆是扎哈·哈迪德在英国的首个公共建筑作品。博物馆以其独特的结构和形态吸引了人们的注意力，但仔细考察之下，可以看到扎哈在这个作品中，从城市角度出发进行的精心设计。河畔博物馆坐落在格拉斯哥克莱德河河岸，为了连接面对建筑主立面的城市干道和克莱德河岸，扎哈将建筑设计成类似"Z"字形平面。该平面不仅创造了充满动态感的流线空间，而且成功连通了城市与河畔的联系，同时还在异形的场地中开辟出三块不同性质的场地，分别面向城市干道和河畔开放。扎哈在平面中同样考虑了与城市和场地的层次关系，建筑没有将巨大完整的体量呈现在场地中，而是把动态的流线型平面切分成多个空间层次，每个空间之间相互靠近或疏离，形成建筑内部流动的公共空间，也为广场上游客所感受到的建筑体量削减了尺度，丰富了层次（图4-4）。

扎哈·哈迪德设计的罗森塔尔当代艺术中心同样展现了严密的系统性考量，设计从城市、场地、建筑内部空间等多层面考虑，努力创造出与城市协调，与场地契合，能够吸引人们进入和停留的城市公共空间。罗森塔尔当代艺术中心位于美国俄亥俄州辛辛那提市繁华地段的街道转角处，该地段周围多为综合体或办公楼以及公共建筑。扎哈使用了10个不同的长方体体块进行了切割与组合，得出了10块各不相同的积木原块，将这些长方形体块进行了错落有致的组合，与城市的肌理呼应。建筑上部略微挑出而倾斜的体块又对城市街道制造出侵略感，引发人们的兴趣。接近长方形的平面与城市的街道上其他建筑也没有违和感，灰色的混凝土与深色的铝板以及深色的玻璃与沿街的其他建筑相吻合。

建筑的底层外立面上扎哈使用了玻璃这种透明而又不失体量感的材质，配以混凝土柱。白天，由于室内灯光较暗，玻璃反射出街道上的人流、车流以及街景，从界面上消除了建筑与街道的隔阂，而在底层上的柱子则使得建筑显得飘浮在空中，让体块飘浮在空中，显得轻盈。

图4-4 扎哈在格拉斯哥河畔博物馆设计中充分考虑了城市、场地、建筑立面、内部空间多种要素之间的联系和不同层次

　　为吸引四周地区的行人并营造一种动态的公共空间，建筑中心的入口、门厅及中庭被组织安排成一个"城市地毯"格局。从街道的拐角处起，进入建筑内的整个地面曲线慢慢往上走，渐走渐上，最后形成一个支撑墙。它蜿蜒攀升，引导游客及至一个悬吊的夹层坡道，这一坡道贯穿了整个门厅，引导人们到达各层展厅，并形成动态狭小的垂直中庭，形成建筑中飞升的灵魂。整个建筑的感觉像是从城市中飞跃起的一个建筑。从沿街就可以看到建筑内部动态的地面墙体和坡道，引领游客进入室内。

　　在建筑的入口处，扎哈有意将沿街的立面从街角向内倾斜，形成对街道的退让，而另一方向的立面只倾斜小小角度，两者之间形成一个夹层空间。扎哈利用这个位于建筑底层的夹层空间作为建筑入口和休息区，设置舒适的座椅，人们可以在这个介于室内与室外之间的特殊空间里尽情停留，体味异质世界的乐趣（图4-5）。

图4-5　在罗森塔尔当代艺术中心设计中，体现出扎哈对城市、建筑、空间、人群的不同层次的统筹思虑

扎哈的罗森塔尔当代艺术中心虽然建筑面积不大，可是其构思中对公共空间的考虑却是从多种角度出发，既包含城市周边环境的协调与挑战，也包括对场地边线的退让与妥协，同时不忘通过透明材质使路过的市民看到建筑内部的翘曲和动态，并在入口处提供了市民体验建筑与城市介质空间的机会。从中可以看到扎哈在处理文化建筑时，对公共空间系统性设计的重视。

4.3 复合化

文化建筑作为城市公共空间面对的是城市共同市民，它的使用者既包括有意来欣赏、学习某项文化知识的人们，同时也为偶尔来之或者只是途经此地的人们提供休憩学习空间。文化的传播不只包括全神贯注的主动学习，能够来到文化建筑，在行走、穿过、交谈、闲坐中无声无息地感受文化，也是文化的传播。不同目的、不同需求的人们能够聚集在一起，进行不同程度的交流，才是城市聚居的重要意义。

在当代文化建筑公共空间中，单一、静止的空间形态已经很难满足人们多元化的需求。传统文化建筑注重单一功能的满足，形成单一的功能流线和空间模式。到达—进入—参观—出门—离开，整个过程成为一套机械的、功能性的流程。在这套流程中，人的个性需要被简化为大众需求，人被等同为功能性的机器，按照经过理性规划的流程来完成城市生活，单一的功能配置和单一的空间类型，造成文化建筑公共空间中公共生活内容的空泛。

相对于把文化活动作为主要目的的传统文化行为，当代文化建筑中的行为更具有多样性。参观、学习只是文化建筑诸多功能中的一部分，文化建筑容纳越来越多原本属于城市公共空间的功能活动，如交通联系，休闲度假，文化，娱乐社会交往，等等。复合化的使用功能促使文化建筑公共空间形态从封闭单一的状态中走出来，更强调空间的随机性、多样性，强调空间的吸引力和停留感，多元复合的空间形态能够为人们带来多样性的体验和多维度的信息。

复合化的功能构成对公共空间提出了更高的要求，中庭、内街、叠层、错层，等等强化空间流动和联系的手法，被广泛地运用于文化建筑的公共空间中。以中庭为代表的公共空间不再是单一的核心空间，呈现出分散化和模糊性的特征，同时逐渐和室内外空间相融合成为一个大公共空间，室内外空间相互联系、相互置换、相互附和，人们在其中随意行动，当代文化建筑公共空间呈现出复合化、模糊性且具有动态感的新特征。

复合化的空间特征还常常表现在将餐饮、购物与人们集散、出入功能融合的一体的大厅，功能扩大的走廊，在展厅内休息的座椅等。表面上看这些功能的增加非常普通，只不过提供了微不足道的停留、休息的空间，但是在停留、休息行为的背后却往往能够引发人们相互观看、注视、交流的机会和兴趣，为人们的多重交往提供大量可能性。

以色列特拉维夫市斯坦哈特自然历史博物馆的建设初旨在于向公众展示现存于大学地下室的自然奇观，建筑分为公共开放区和学术研究区两个部分。建筑底部架空，形成利于公众活动的半私密性场所。建筑内部不同区域间架设交替纵横，不同高差，不同方向的天桥和坡道相互联系。游客在光明与黑暗，开阔与封闭，小展厅与巨型展厅之间交错徜徉，不同空间通过天桥、坡道、走廊被联系在一起，复合化的空间让游客拥有丰富的参观体验（图4-6）。

图4-6　斯坦哈特自然历史博物馆复合化的空间让游客拥有丰富的参观体验

    BIG设计的丹麦海事博物馆将多种功能和复合化的空间融于简单的矩形空间之中，将复杂与简洁融为一体，是复合化文化建筑公共空间的经典之作。丹麦海事博物馆位于距离哥本哈根50公里的赫尔辛格，面积约为6000平方米。为了尊重附近的卡隆堡宫及与周边环境的协调，博物馆展区位于地面之下，BIG保留了旧码头，将原来的船坞作为采光中心庭院和开放室外活动区，使其成为新博物馆的中心庭院，并成为新建筑中日光和空气的交换口。

    在海事博物馆的设计中，三处和缓的坡道贯穿其中，从不同方向联系博物馆与城市。在建筑周边城市道路上的人们可以看到三段不同方向的楼梯或坡道，看到建筑内的人们的流动，从而建立起城市与建筑的互动。建筑中的咖啡区与通向地面下的楼梯及中心庭院相连，并与不远处玻璃廊道中的礼堂遥相眺望，各个不同的功能区既分又和，互相呼应，激发了人们在建筑内部自由探索的欲望。和缓的坡道路径，引导出令人兴奋的艺术展览空间，激活了建筑中不同高度的活动空间，礼堂、教室、办公区、咖啡馆还有展区。不同空间、功能的复合化设计，使博物馆内部形成强大而具有吸引力的公共空间（图4-7）。

图4-7　丹麦海事博物馆中不同空间、功能的复合化设计，使博物馆内部形成了强大而具有吸引力的公共空间

4.4　舒适性

舒适性是指公共空间对使用者生理需求和心理需求的满足程度，是人们对客观环境从生理与心理两方面所感受到的满意程度而进行的综合评价。一个舒适的环境必然是让使用者身体和精神的需求都得到满足，是让人感到轻松愉快的。良好的舒适性是当代文化建筑公共空间中的重要品质。良好舒适的感官体验能够为人们在公共空间的多种活动提供良好的基础条件。

舒适性包括感官的舒适性和使用的舒适性。感官舒适性包括空间的尺度、空间边界的形态，自然环境如阳光、空气、绿化等，使用者能够享受环境带来的愉悦。使用舒适性是公共空间能提供让人体验到愉悦感的场所，亲切近人的尺度，适合停留的支持物，充足的休息座椅等，满足人们的休憩与交流需求。

在挪威阿斯普楚·费恩利博物馆的设计中，伦佐·皮亚诺工作室将创造舒适宜人的空间作为设计的重点。该博物馆包括三座建筑：永久收藏空间的艺术博物馆，独立的临时展馆和办公区。场地中央的一条运河隔开了建筑的三个部分，一座人行桥横跨于运河之上，沿建筑和运河边沿建筑师设计了一条步行廊道。三座建筑统一在一个大型玻璃屋顶下，它将所有的建筑都连接到一起，屋顶的外形呈曲线状，并横跨在建筑之间的运河之上。一条大道沿着建筑中部滨水区域而建，向城市方向延伸，将该区域后方的城市中心与建筑连接起来，城市中心的人们源源不断来到此处。为了能够吸引不同的游客来到此处，并且创造出一处真正的公共空间，博物馆场地中设置有咖啡馆、游泳场与雕塑花园等多种活动。

沿建筑中部的步行廊道，是建筑中最热闹的部分，它既承担着人们从城市中心到海边的联系功能，也是人们进入博物馆各个展区的主要道路。人们沿这条步道可以穿越不同空间，游弋在博物馆群之中。在这里，设计师运用建筑顶部的屋顶和建筑一层的挑空、建筑入口的退让形成多种形式的廊道空间变化。充足的廊道宽度使人们在此通行、停留、拍照、交谈都能轻松适意地进行。设计师还考虑了从廊道向下的楼梯，人们在廊道处就可以临水更近。

在建筑临海的部分，设计师营造出大片起伏的绿地，与自然的木质墙体和低垂的透明屋顶一起构成人们享受阳光海风的惬意乐园。屋顶最低部分几乎要触到地面，一座小池塘隔开人群，使人们无法在玻璃上攀爬，保证了安全。

在阿斯普楚·费恩利博物馆的公共空间中，设计师采用钢材、玻璃和自然风化的木材作为建筑的主要材料，展现出轻盈透明、亲切宜人的特质。沿建筑边沿的中间廊道空间被细心地铺上木质铺地和木质座椅，与顶部的玻璃屋顶共同形成闲适的面对大海绿地的休息空间。斑驳的木色、透明的玻璃以及纤细的结构杆件及栏杆，这些材质和形态将阳光和大海引入建筑，伴随着丰富的光影，给游客带来舒适的体验，为人们营造了一个舒适亲切的公共空间环境（图4-8）。

图4-8　阿斯普楚·费恩利博物馆利用不同的材质和形态将阳光和大海引入建筑，给游客带来舒适的体验

第5章 当代文化建筑公共空间之设计营造

5.1 动态吸引

文化建筑作为城市公共建筑的重要组成部分，能够唤起人们的关注和好奇，引发人们的认同和向往，诱导人们来到其中，在这里产生聚集和活动，文化建筑才能真正成为人们生活的一部分，成为城市公共生活的一部分，充分发挥文化建筑的活力和价值。

5.1.1 形态吸引

文化建筑常常是城市中的标志物，建筑形态是公共建筑最醒目的标志。文化建筑独特的形象具有鲜明的广告作用，能够使人们第一时间了解建筑的企图，引发人们的好奇心与认同感。

阿塞拜疆的阿利耶夫文化中心位于阿塞拜疆共和国首都巴库，整个设计包括一个博物馆、一个图书馆和一个可容纳1000人的会议中心。扎哈·哈迪德设计的阿利耶夫文化中心具有鲜明的建筑及场地形态，与场地周围原有建筑整齐划一的形态截然不同，形成城市中心最具有吸引力的场所。

文化中心采用流线型的建筑形态将这一区域内的住宅区、办公商业区和酒店等设施统一起来，形成具有整体性的综合性项目。这一流线型的建筑形态并不仅仅是追求夸张建筑效果的产物，而是综合考虑了场地地形、周边环境和建筑功能性质的产物。流线型的建筑不断从场地最低处的地面向上，根据地形自然延伸堆叠而出，逐渐盘卷出各个独立功能区域，所有功能区域以及出入口均在单一、连续的建筑物表面，由不同的褶皱堆叠呈现。曲线形的外观表皮有机地连接了各个独立功能区，有效分割并很好地保留了其各自的私密性，不同的褶皱形状又赋予每个功能区以高度的视觉识别性和空间区隔性。建筑形态与场地、功能完美地结合在一起。

阿利耶夫文化中心以鲜明流畅的建筑形态在巴库市中心产生强烈的吸引力，建筑与广场融为一体的流线型整体规划向城市敞开怀抱，成为城市肌理中不可分割的一部分。通过这些精心设计的起伏，分叉，褶皱等形态，扎哈重新定义了公共空间和节日集会空间的序列，使广场展现出热情开放的城市姿态（图5-1）。

图5-1 阿利耶夫文化中心鲜明的建筑及场地形态形成城市中心最具有吸引力的场所

5.1.2　活动吸引

建筑外部公共空间具有多样化的活动，能够成为吸引人们的重要因素。扬·盖尔在《人性化的城市》一书中说道："人是人的最大乐趣。"场地中的活动能够为人们的进入、停留、围观提供借口、好奇心和参与活动的欲望和可能。

法国海洋冲浪博物馆由斯蒂文·霍尔设计，该博物馆旨在探索海洋与冲浪及其在休闲、科学和生态方面的作用。霍尔考虑到建筑所处的环境和主题，将建筑形态表达为"在天空下"和"在海洋下"。极具特色的凹形中心广场接收来自天空、大海的拥抱，并眺望远处的地平线。而内部空间反转型的突出曲线形成主要展览空间的天花板，让人有一种置身海下的感觉。

同时霍尔在场地中考虑了人们多种活动的可能性，使场地内的活动成为建筑吸引力的来源。博物馆的凹形主广场面朝大海，贯穿整个景观。广场的铺砌材料是改良的葡萄牙鹅卵石，允许了自然植被的自由生长。凹形广场成为博物馆的延伸，常常用来举办各种活动和日常生活事件。建筑的西南角提供了专门供飙速者使用的场地，上面是一个滑行练习场，下面是一个开放式的门廊连接着博物馆内礼堂和展览空间。这样既为公共活动提供了室外场地，又为建筑提供了不同性质分区的入口。凹形的广场设计使博物馆室外场地充满各式各样不同的活动，广场形式本身也传达着向心性的意味，使博物馆成为一处吸引人聚集的场所（图5-2）。

佛罗伦萨的贝诺佐·戈佐利博物馆是一个十分有趣的设计。这是一座重建的建筑，建筑面积只有400平方米。建筑严格遵守已拆除建筑的平面，远离周围的建筑，好像孤立在广场中。建筑外立面较为封闭，被红砖覆盖，这是在当地政府的要求下，为了保持与当地一些教堂的呼应。在如此封闭孤立的建筑外部，建筑师在建筑底部加设了一圈如岛屿般的自然曲线形的基底，形成对外部城市空间的邀请。流线型的基底环托着整个建筑，成为多功能的城市

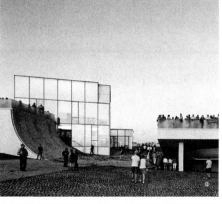

图5-2　海洋冲浪博物馆凹形的广场设计使博物馆室外场地充满各式各样不同的活动，成为一处吸引人聚集的场所

设施，同时可做休息区、儿童游乐场和举办小型户外演出的舞台。严肃封闭的博物馆建筑通过简单的外部基底表达了对城市的友好和对人们来此活动的欢迎。在此休息和进行活动的人们成为建筑的活广告，在城市与建筑之间架起了桥梁（图5-3）。

图5-3　贝诺佐·戈佐利博物馆自然曲线形的基底，形成对外部城市空间的邀请

5.2　延续发展

延续是顺应变化的一种处理方式，在尊重原有结构、场地的基础上，不拘泥于过去，但又有所突破地持续演变。延续可以有多种方式，如空间的延续，可以表现在城市交通、场地肌理、周边界面等方面的继承与发展。时间的延续，是指对环境中已经存在的时间要素进行保留和更新。

5.2.1　空间延续

文化建筑公共空间的设计需要在城市整体空间框架下考量。公共空间既是文化建筑的公共部分，也是城市公共环境的一部分。如果文化建筑公共空间能够延续城市既有道路结构、空间结构则能创造出便于人们开展活动的公共空间，从而拓展城市活力。

在德国慕尼黑现代艺术陈列馆中，设计者将一条斜线引入博物馆空间，这条斜线把陈列馆两端的城市环境与陈列馆自身空间联系起来，城市结构在这里得到延伸和发展。这条斜线的一端指向城市中心，另一端指向场地原有的两座艺术馆，整条斜线为这座陈列馆做出双向定位。整个设计的重点就是这条贯穿整座大楼的人行小径，它把场地两端的场所联系起来，并引申至陈列馆内部。一面贯穿三层楼的墙，沿着小径的方向斜斜地穿过了狭长的巨型大楼。墙的中部被内部巨大的中央圆形大厅打断，极为宽敞明亮的圆形大厅，成为陈列馆与城市空间的交汇点，顶部覆盖着直径达25米的巨大玻璃穹顶。三层以上为陈列馆内部大厅，两座主楼梯从圆形大厅向展览区方向呈扇形展开，宽阔的中轴线从这里开始向四周延伸，为从城市进入大楼和在陈列馆内参观的人群慷慨地指明了位置。

在博物馆西北部，建筑被斜墙切成楔形的空间并向后退界，形成对外开放的柱廊空间，上方附有盖顶，细长混凝土支柱限定于这一区域，这里成为城市广场上一个极具视觉冲击力的标志，同时标识出入口大厅的所在。与这个柱廊遥相呼应的是墙的东南端一块高起的三角形区域，这是一块用玻璃封闭的区域，里面种有树木可作为冬季花园给博物馆带来新鲜空气，这也促进了城市向建筑的过渡。在这个博物馆中，斜线的引入延续了城市的要求和肌理，建筑内部的圆形大厅和两个角部空间的退让，向城市表达了谦虚欢迎的态度，建筑巧妙地把自己变为城市的一部分，城市空间结构在这里得到延伸和发展（图5-4）。

在大都会建筑事务所设计的鹿特丹艺术中心里，建筑师把城市道路引入建筑，把建筑作为城市道路与社区间的一个过渡节点，通过建筑创造出城市公共空间的连续性。鹿特丹艺

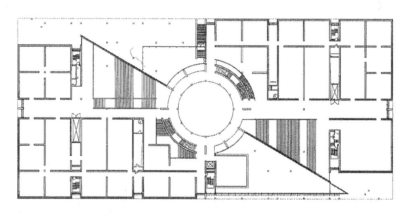

图5-4　慕尼黑现代艺术陈列馆平面中斜线的引入延续了城市的要求和肌理，将建筑巧妙地变为城市的一部分

术中心基地南面临近一条城市高速干道，基地北边的地势较低，并面向原有社区的博物馆公园。

设计一方面用一条穿越建筑物的人行通道连接了南北不同的高差，使市民可以穿越建筑，方便出入；另一方面用一条从建筑物下方穿越的机动车道把城市高速干道和社区的车型系统连接起来，而且人车分行。这样建筑为社区生活的交通便利性提供了更高的可能，使这一区域人们的活动比没有这座建筑的时候要方便很多。交通的延续带给人们实质性的便利，也利于人们把这座文化建筑延续成自己生活的一部分活动场所。在附近生活、工作的人们从此处路过，就可以在无意中欣赏博物馆内的展品。

曾有一幅摄于鹿特丹艺术中心的照片，推着婴儿车从建筑物内人行通道经过的年轻妈妈，被建筑物内的展品所吸引，举起相机拍照，妈妈和儿童就这样自然地在生活中与文化相遇。如果这样自发的行为能够成为文化建筑内常见的场景，文化建筑的教育功能就能得到极大的延伸，艺术就自然融入了人们的日常生活，这正是我们创造文化建筑公共空间的初衷（图5-5）。

特拉维夫市艺术博物馆是以色列现代和当代艺术展示的主要博物馆。博物馆选址在一块狭窄、不规则的三角形场地，而场地周围原有建筑为一系列巨大的巨型展馆。场地周边环境

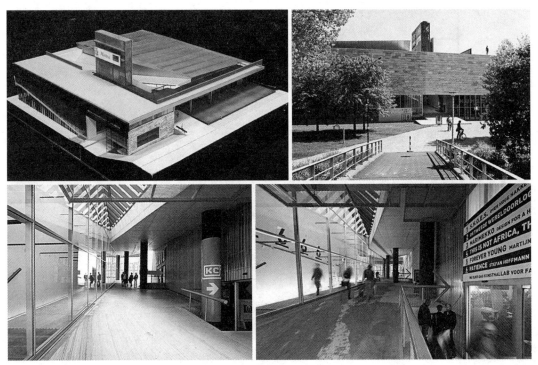

图5-5　鹿特丹艺术中心利用交通的整合设计把城市和建筑联系在一起，也将生活和艺术联系在一起

与建筑选址间的矛盾激发了建筑师的创作灵感，建筑师巧妙地运用这个矛盾，采用从场地到建筑内部逐渐过渡的方法缓解矛盾，创造出空间的一致性和延续性。

　　建筑师采用一系列的设计手法调整建筑与场地的关系，从场地前广场设计中逐步从矩形到三角形的过渡，到建筑立面精细的扭曲几何表面，再到各层建筑平面互相偏离，沿不同轴线建造并形成高27米的"光之瀑布"中庭。中庭的内部表面呈双曲抛物线状，不断弯曲的表面在建筑内部上下旋转，连接着展厅的各个角落。楼梯及旁边的倾斜步行通道形成神奇不断展开的垂直交通系统，并使得顶部自然光线直达这座半地下建筑的最深处。层层扭转的三角形空间体系在中庭形成光之瀑布，自然光从天空穿过一层一层的空间，洒落在室内公共空间中。光影揉碎了空间，也让人们与自然产生了联系，公共空间成为温暖舒适的所在。

　　在特拉维夫艺术博物馆中，从场地到建筑形态再到建筑内部公共空间，建筑师用一系列统一的建筑语言将三者联系起来，建筑成为场地的延续，共同成为一个整体（图5-6）。

图5-6　在特拉维夫市艺术博物馆设计中，从场地到建筑形态再到建筑内部公共空间，三角形的建筑语言始终延续其中

当代文化建筑之公共空间营造研究

5.2.2 时间延续

时间是建筑中的重要因素，创造文化建筑公共空间时，能够尊重时间的发展，不孤立地处理问题，把公共空间作为历史长河中的一部分，延续时间的发展，展现时间的脉络，对文化建筑公共空间具有重要意义。城市的原著居民能够在延续的时间轴中找到认同感、亲切感，找到城市共同的集体记忆，外来的使用者则在延续的时间轴中感受到时间的不断变化，体会到历史的沧桑和现实的活力。公共空间为人们提供了一处过去、现在、未来共存的所在，为人们共同的情感、记忆提供了容器。

纽约现代艺术博物馆自1939年博物馆创建以来，不断有设计师对其进行扩建。1954年和1964年菲利普·约翰逊扩建了博物馆的北翼和东翼，1980年西萨·佩里又对博物馆临近雕塑公园一侧进行扩建，使它与56层的公寓塔楼相连，位于塔楼下面的六层博物馆一直向西延伸。2004年谷口吉生事务所负责纽约现代艺术博物馆新馆建设工程，他们将尊重延续博物馆的历史发展作为设计的一项主要内容来体现。

谷口吉生的设计方案沿着第53大街的博物馆立面完整保存了博物馆的发展历史，从菲利浦·葛文和爱德华·斯顿1939年设计的主体建筑到约翰逊1964年设计的博物馆东翼，到佩里的塔楼，一直到他扩建的最西边的部分都被展示出来，这一立面既是博物馆历史的展示，也是纽约市历史的重要部分。在博物馆北侧第54大街，两个高大的柱子代替了较矮的雕塑公园立面和博物馆北翼擎起了博物馆传统的露天中庭。雕塑公园东侧的博物馆为教育设施，西侧的博物馆是主要的展览空间。在雕塑花园东西两侧的中间是改造后的1939年建筑和博物馆东翼，它们形成一个连续不断的立面。每一个元素都清晰、立体，从本质上反映了各展馆的功能，也反映了历史的延续。人们沿城市街道经过，就能够感受到博物馆历经时间的洗礼，不断发展的沉淀和积蓄。

在纽约现代艺术博物馆扩建方案中，原有用来表现室内向心力的中庭，被谷口吉生创造性地保留下来。以前从博物馆内部是看不到周边的环境和塔楼，新方案设计了一个中央通透的中庭，中庭的周围是形状均匀向外延伸的展览馆。中庭使塔楼的整个高度无论从雕塑公园还是从博物馆内部都一览无余。游客站在中庭周围精心设计的窗户边，可以直接看到周围城市环境的景象，参观该建筑的大量游客也成为城市街道及中庭内院中的公共景观的一部分。通过中庭空间，简单的内向型设计变成了外向型，博物馆内部与外部空间之间的视线产生了相互缠绕，建筑内部形成立体循环结构，新旧公共空间在这里形成一个简单的复合结构，带领人们领略时间在博物馆中的变化与永存（图5-7）。

西班牙圣塞巴斯蒂安圣特尔莫博物馆自建成以来一直不断经历改建和整修，最新的改造增设了一个新的侧翼扩建结构。新建部分为旧建筑增加了入口，为长期展览提供了场地，也

46

图5-7　纽约现代艺术博物馆中中庭成为新旧公共空间交织转换的复合结构中枢

提供了短期展览的陈列空间。前厅还增加了一系列的区域来设置寄存处，商店、礼堂、媒体中心、教学厅和自助餐厅，使该博物馆的公共服务空间更加完备。

圣特尔莫博物馆处于城市与自然山体的交接处，新建部分建在旧博物馆一侧，呈简单的线性结构，将建筑与山体形成新的和谐关系。新建部分沿线性伸展，并不断呈现轻微扭转，这些扭转形成新建建筑与原有博物馆之间的内部庭院空间。新建建筑沿原有结构向外伸展，与旧建筑形成入口广场，并指向基地旁的通向海边的出口。

入口处的新建建筑一部分墙体向内旋转凸出，一方面为入口楼梯通道提供依据，另一方面将进入场地的人流视线引入原有建筑，限定出入口广场，给入口广场更宜人尺度，同时也为建筑内部提供一处放大的餐饮休闲空间。一个墙体的扭转在同一空间中制造出三个不同方向、不同尺度、不同目标的公共空间，为入口空间创造出丰富的连续性和差异性。每个空间都共享着旧博物馆与新建部分的截面，共同感受博物馆沉淀的历史痕迹。

建筑师在墙体处理时也有特殊的考虑。新建建筑采用穿孔金属表层覆满苔藓、地衣和其他植物物种。满布的植物会随着四季的变化而有所不同，从而墙体外观也会随之变化，有时它会被茂密的叶子遮盖而逐渐消失，并与山上的植被相融合，有时也会因植被减少而重新出现。穿孔金属板与植物的结合为整个场所提供了一个令人感受到时间流逝的背景。新材料、新空间的出现在这里并没有成为空间的主角，而是与旧有界面和建筑一起创造出新旧时光并存的公共活动场所（图5-8）。

图5-8　圣特尔莫博物馆设计中，新建部分的建筑形态、空间及墙体多方面要素共同体现了新旧时光的延续与发展

5.3　渗透消解

渗透消解是指两个空间既不完全隔离，又不彻底开放连在一起，而是在功能、视线、光影等方面建立起断续、暧昧的联系，这种联系为两个空间带来趣味和活力。打破屏障，互相渗透，不同空间内发生的活动不被严格限定，从而鼓励人们在文化建筑公共空间中的自由探索行为和自发活动。

5.3.1　界面消解

界面是对空间的界定。界面的消解是指化解两个空间之间明确的界面限定，但又不完全消除空间的限定，使两个空间既有自己的独立性，相互之间又有一定的联系，在空间中建立起复杂的联系。

龙美术馆西岸馆位于上海市徐汇区黄浦江岸，场地曾用作煤矿运输的码头，目前仍保留有20世纪50年代建造的煤料斗卸载桥等原有场地特征。新的设计采用了带有独立墙体的伞拱悬挑结构，墙体和天花板均为清水混凝土表面，伞拱在不同方向的相对连接，消解了明确的空间方向性，水平与垂直限定的几何分界位置也变得模糊。混凝土的拱形结构使建筑的空间既呈现出一种原始的粗犷魅力，又对人的身体形成庇护感。

在博物馆内穿行，室内和室外通过伞拱连为一体，景点、平台、通道层都一览无余，建筑空间的界面被消解，建筑的功能空间、活动空间合成一体，在景观、活动与展览各种活动之间形成张力，呈现出时间与空间的连续性（图5-9）。

位于纽约的布朗克斯艺术博物馆北翼扩建工程包括新展厅、行政空间和露天雕塑庭院，是博物馆总体规划的一部分。设计师在博物馆临街道一侧设计了一座不规则的多孔玻璃和金属板折叠屏风状的外墙立面，营造出像折纸手工一样弯折、扭曲的垂直区域。

这一设计使临街的建筑立面更具有通透感，人们可以通过半透明玻璃的缝隙看到一楼大

图5-9　龙美术馆西岸馆中的伞拱结构消解了空间的明确性

厅的活动。在楼上的休息厅里，自然光线通过褶皱式的外墙射入室内空间，与人们的活动形成互动。这个窗帘式的几何垂直变化消解了建筑立面对临街空间的限定感，给建筑带来戏剧化，增加了建筑与临街空间的相互吸引和渗透，营造了出人意料而又引人注目的效果（图5-10）。

图5-10　布朗克斯艺术博物馆北翼扩建工程的折形金属板外墙增加多重层次的建筑室内外联系

5.3.2　功能渗透

建筑中明确的功能分区有利于组织人们清晰的活动流线，提高人们的活动效率。但在当今社会，人们不能被简单地等同于功能性的机器，按照理性的规划来完成文化建筑中的功能流程，人们在文化建筑中的功能需要变得更为多元和随机，文化知识的获得不再是人们在文化建筑中活动的唯一目的，娱乐、休闲、社会交往同样成为人们在文化建筑中活动的重要需求。因此，在进行功能布局时，打破原有的既定功能划分，将不同的功能进行互相渗透和结合，有利于激发文化建筑中多样化行为的产生。

在阿斯彭艺术博物馆的设计中，建筑师强调了五个重要的元素：木框架表皮、大楼梯、大型玻璃升降电梯、木屋顶结构以及可移动的天窗，五个要素既完成自己本身的功能，又互相渗透，成为交织在一起的多重公共空间。

编织的木框架表皮对建筑的两个主要立面进行遮阴，它形成建筑的标志性外观，并活跃了入口场地空间。穿过框架表皮上的洞口的光线淡化了建筑界面的限定感，并在主博物馆楼梯、走廊和入口空间投下了美丽的影子。主楼梯空间位于框架表皮和室内之间，它提供了通往公共屋顶的室外通道和通往所有艺术馆层的室内通道，人们置身其间行进时在斑驳的光影和内外双重楼梯的并置中模糊了室内外的界限。大型玻璃升降电梯激活了博物馆了东北角的活力，成为移动的接待处，游客能从入口处走到屋顶，在屋顶体验远处的山峰美景和闲适的餐饮活动。三角形的木质屋顶结构覆盖了屋顶的室内室外空间，延伸了内部天花板的美感。可移动的天窗创造出光线在建筑内外空间的通行，为参观者的体验增加了戏剧性。

在阿斯彭艺术博物馆中，游客在博物馆中不断体验着内部空间与外部空间的交替变化，这五个元素消解了原有建筑空间和功能的界限，将活跃的移动性元素引入其中，打破了建筑固有的功能划分，营造出复杂多变、互相联系的空间关系（图5-11）。

图5-11　阿斯彭艺术博物馆利用五个重要元素消解了原有建筑空间和功能的界限

在冰岛的哈帕音乐厅和会议中心设计中，一层入口设在临海的南面，一层中间区域设置三个巨型表演厅，沿建筑外围设置大面积餐饮、咖啡厅的公共休息区域。在公共门厅上方三层至四层之间架设一条徐缓的坡道，坡道旁边设置层层平台，人们沿坡道可以徐徐向上，也可以在平台处坐下来休息闲谈。建筑立面材质选用了玻璃和钢制成的十二面填充式几何形模块，阳光通过建筑立面，仿佛都被这几何形态的立面构架搅碎，洒在坡道平台上，为这个交往空间铺上一层温暖的底调，光线成为人与人、人与建筑、人与自然之间最好的调和剂。在这里，交通、餐饮、休息、观望，各种不同的功能互相渗透在一起，给建筑内部空间带来无限生机（图5-12）。

图5-12 哈帕音乐厅和会议中心多种功能混合在洒满细碎阳光的坡道和大厅中

在赫尔辛基古根海姆博物馆竞赛中，Urban Office Architecture工作室提出了复兴传统庭院设计的概念。在他们的方案中，传统的庭院平面被旋转，在垂直层面对城市。扭转的多面体庭院形成多层次的展览和演出空间，尤其是在建筑外部形成展览和演出空间，人们对博物馆的利用不仅可以在建筑内部实现，在建筑外部，城市空间中也能利用和享受博物馆功能。对传统庭院概念的创造性应用，使建筑中固定的功能关系被打破，在城市与建筑之间以及建筑内部重新建立起复杂的网状联系（图5-13）。

图5-13 赫尔辛基古根海姆博物馆竞赛方案中庭院空间的创新性应用，使城市和建筑功关系重新塑造

5.4 并置与共享

并置是指将不同活动内容、不同空间并列放置在一起。多样需求的人们可以在同一时间的不同空间中共同在场，这种共同在场既能够满足人们体认个体存在价值的心理需求，又能够在各个活动之间互相激发和互动，为人们的活动带来灵活性和可以选择的自由度。

5.4.1 水平并置

水平并置是指在水平方向上不同功能、不同活动的人们在同一个空间同时活动。水平方向的并置要求打破空间与空间之间的藩篱，将各个空间联系在一起，有利于人们同时看到多种不同的活动，人们可以自由地在各个活动之间选择和移动，增加了人们接触不同活动和不同人群的几率。共享空间把各种不同的活动内容同一时间带到人们面前，为人们的选择带来更多可能，增加了空间的活力和吸引力。

在梅里达工厂青年活动中心的设计项目中，建筑师们一开始就决定他们想要创造一个场所，在这里无论什么类型的人都可以有自由的机会做他们想做的事情，人们在一个多功能并置的大空间内随意地穿梭活动。尽管梅里达工厂在设计初期已经提供了十分广泛的活动内容范围，但建筑师的设计还是增加了更多活动项目：滑板，攀岩墙，宽带上网，声乐，模型制作，涂鸦，城市艺术，街头戏剧表演，走钢丝马戏表演，视频艺术，电子音乐，杂技，行为艺术，日本漫画，跑酷，视听艺术，现代舞，爵士乐和嘻哈舞，舞厅以及当代表演。他们将这个建筑想象成一个向整个城市开放的大帐篷，这样一来，所有需要得到庇护的人们都可以在这里聚集。

这个大帐篷是由许多卵形部分支撑起来的，每个卵形部分的内部都具有不同的功能，他们都被看成是独立的模块，可以分开单独使用，同时受工厂活动中心的整体控制。在各个卵形结构之间的空间，不同地势和形态都成为人们活动的基地，穿梭于其中的活动人群为整个地区带来吸引力。在这个结构下进行的活动都可以受到大帐篷的庇护，不受日晒雨淋。屋顶像一片轻盈的云彩一样延伸开来，既具有保护作用，同时又十分通透，形成一片人们共同拥有的空间。梅里达工厂青年活动中心的不规则体量和所涵盖的丰富活动所表达的共享概念，吸引着参观者进入这个多彩世界，在这里进行各式多样的活动（图5-14）。

5.4.2 垂直共享

垂直共享是指在建筑垂直方向设立共享空间，使处于建筑中不同标高层的人们能够同时处于一个空间内。原来被水平楼板隔离的不同水平空间通过垂直共享空间联系在一起，原来需要在不同时人们才能体验的空间，现在可以在同一个时间被看到，时间和空间通过垂直共享空间联系在一起。

图5-14　梅里达工厂青年活动中心利用共享的概念，将不同的活动和人群聚集在一起

　　共享空间的概念最初由美国建筑师约翰·波特曼明确提出并在设计作品中表现出来，共享空间使人看人的可能性达到最大化。在一个共享空间里，各种复杂的功能和空间清晰地连接在一起，创造出功能与空间的复杂性、并置性、模糊性和多样性，人们在一个空间里体味到多重乐趣。在巨大统一的空间里人们既可以是空间的主角，展示自我，也可以只当一个配角，默默地观察他人的活动，人们可以充分享受多种选择的自由。

　　在空间组织上，共享空间可以清晰地组织出建筑的交通路径。人们到达中庭共享空间，就可以看到其他功能空间的位置和职能，方便人们的定位，也有利于人们规划自己在建筑的流线。

　　黑川纪章建筑设计事务所设计的日本国立新美术馆，展览区呈现规则的长方形形态，入口和前厅部分以波浪形曲线玻璃幕墙创造出富于弹性和吸引力的共享空间。每一层展览厅北部都有一个带有玻璃幕墙的类似走廊的休息区域，并形成纵贯六层的垂直共享空间，在这里参观者可以眺望整座城市和更远方或观看户外的雕塑公园。

　　共享空间内部，参观者可以看到一大一小两个上下颠倒的反向圆锥体，圆锥体的上部包括一个餐厅和咖啡馆，从中可以看到整个前厅，并将其中的电梯、扶梯、连廊及大厅内的餐饮等共同形成活跃舒适的公共空间。巨大而丰富的垂直共享空间为美术馆创造了生动舒适的交流场所（图5-15）。

图5-15　日本国立新美术馆中巨大而丰富的垂直共享空间创造了生动舒适的交流场所

5.5　分解层次

　　人是空间使用的主体。在文化建筑的公共空间中人们既渴望体验到与他人共同在场，又希望能够在公共空间活动中发现彼此的差异和获得个人化体验。在很多文化建筑中，设计师只提供了宏大单一的共享空间，但在这个大空间下缺乏不同层次、不同规模、不同形式、不同主题的亚空间，这种空间看起来是开放的，但实际上人们在这个大空间里的行为是被规定的、单一的，人们无法按自己的意愿选择空间中的活动。这样的空间对公共活动形成的是强迫性作用，而不是对个人体验的呵护和促进，不利于人们在社会生活中的个性化体验的形成。

　　在文化建筑公共空间营造中，注意处理不同层次的空间尺度和细节，在大空间中创造多层次亚空间。在设计中把握城市尺度、场地尺度和近人尺度。满足人们不同层次的需求，是公共空间多种活动发生和发酵的重要手段。

5.5.1　多样化层次

　　文化建筑的公共空间是一系列空间的组织。在公共空间设计中，既要从城市整体布局出发，处理好建筑及公共空间与城市及场地周边的联系，也要对建筑内部的组织关系负责，更要具体到考虑每一个使用者的体验感受。每一部分都是整体系统中的一部分，要考虑不同层次所对应的尺度关系，如宏观层面上，在道路交通，城市公共空间布局，文化脉络等方面，公共空间与城市空间之间的联系；在中观层面上，公共空间通过形态特征与所在场地产生呼应与延续；在微观层面，通过创造舒适细致的细部特征，建立与人协调的系统关系。多层次尺度关系能够创造出建筑丰富的包容性，使人们乐于亲近。

　　比利时的埃尔热博物馆是为了纪念比利时著名的艺术家和《丁丁历险记》的作者埃尔

热而建的。博物馆坐落在森林之中，沐浴着阳光，通过一座人行天桥与城市连接。博物馆由四大体块组成，完整而统一，像一艘巨轮，赋予建筑以鲜明的形象，对场地形成标志性。

在入口处，体块之间进行分裂，形成狭窄的缝隙，入口就在缝隙之下，与巨大体块截然相反，形成与人尺度相近的高度适中的入口空间。天桥直通入口，巨大体块之下是挑空的底层空间，与天桥相连，成为人们行走接近博物馆的漫步平台。人们在平台上能够看见博物馆立面的巨大展示窗，里面的内容随博物馆所举行的展览和活动而变换。通往博物馆的天桥紧挨着窗户，明亮而富有生气，内外空间充分交融。

博物馆内部由四大部分构成，四个部分空间具有不同的特性对应不同的功能层次关系，又统一交织联系在一起。建筑内的展厅内部较为封闭，光线暗淡。人们到达走道与楼梯汇集的大厅时又能重获光明。博物馆内部空间犹如迷宫一样，叙述着埃尔热的故事和精神世界。倾斜折曲的墙面，涂以清淡柔和的颜色，从天空倾倒下来，为空间制造了迷宫般的故事性。然而人们并不会感到压抑，于幽暗处伸展出来的天桥在空中连接各个方向的展厅。天桥的宽度并不大，正好为人们提供了尺度的依据。水平的天桥浮于空中，纵向的电梯以蓝白相间的形式锚在大厅之中，明亮的光线透过巨大的窗户射入进来，丰富的元素统一在共享大厅之中。从场地到博物馆体量、再到博物馆内部空间的营造，设计师都充分考虑了不同尺度的呼应关系，人们行走在博物馆中仿佛游走在故事与现实之间（图5-16）。

5.5.2 人性化细节

在文化建筑公共空间营造设计中，设计师需要考虑整体系统中的不同层次关系，在所有这些层次中，最容易被忽视又与使用者关系最为密切的就是人性化设计的细节层级。不论设计师搭建了多么宏大的公共空间，如果没有与人的行为感受相适应的细节设计，则人们无法安心享受这一空间。文化建筑公共空间设计的目的是为人们提供舒适的空间，使人们能够在这里放松，并与他人产生联系。公共空间设计最终指向人，在公共空间中充满人性化的设计，才能与人的尺度相适应，被人们所感知，满足人们的需求。

比如，坐是公共空间中人们最常见的需求，座椅是公共空间中最基本、最重要的设施，座椅对于创造宏大的公共空间的视觉效果贡献并不突出，但对于人们在公共空间中的感受、停留、交往的时间、质量却影响极大。如果公共空间中没有座椅，人们还是可以使用空间，但在空间中感受到的舒适度会大大降低。人们常常有这样的感受：在一个精彩的文化建筑中，可以欣赏其中美妙的展出和活动，但在想要放松休息的时候却不能轻易发现一个座位，只能到处寻找，使自己疲惫不堪。座椅的事情虽小，却能够顺应人们当下的需求，使人们感到在目的活动和非目的活动之间自由选择，能够大大提升人们在文化建筑公

图5-16　埃尔热博物馆设计者充分考虑了场地、建筑体量、内部空间等多层次元素的应用与组合

共空间中的体验感受。

　　斯特林在设计斯图加特美术馆时，不仅考虑了建筑与城市的关系，也非常细致地考虑到建筑室内的一些细节处理。斯特林在门厅旁边设置了弧形的条形座椅，游客很喜欢坐在上面闲聊，同时斯特林采用以绿色为主色调的门厅，地面并没有使用惯用的传统正规的光滑石

材，而是使用了原色的绿色橡胶地面。以明快和鲜艳的色彩为主导的室内设计，让人觉得逛美术馆不再是一件很严肃的事情，反而有一种类似在商店购物的轻松心情。斯特林本人曾解释，这是在提醒人们新的美术馆已经成为一个大众娱乐的场所，艺术和展览也有其商业性的一面。贴合游客心理的细部设计拉近了斯图加特美术馆与参观者的距离，为公共空间的活力提供了基础（图5-17）。

图5-17　斯图加特美术馆对人性化细节的考虑增加了对人群活动的吸引力

　　赫尔佐格和德姆隆设计的德扬美术馆坐落在旧金山金门公园内，美术馆的设计充满了从城市尺度到人性尺度的多重考虑。在这里，美术馆不仅是展示艺术的机构，还是为人服务的场所。在德扬美术馆，人们为日常生活寻找灵感与激情，舒适与慰藉。

　　金门公园是旧金山的重要公园，德扬美术馆作为在公园内部增加的建筑与公园的关系十分敏感。赫尔佐格和德姆隆在设计时充分考虑这一点，提出了含蓄精致的博物馆体量设计，使建筑既是公园景观空间的延伸，又凭借其深厚的历史沉淀与城市积淀，成为公园内具有强烈认同感的地标建筑。两层高的建筑沿水平方向舒展，从远处只能看到建筑东侧高约44米的瞭望塔时隐时现，其余部分则掩映在绿树之中。美术馆外墙表皮由7200片铜板包覆，或镂空或凹凸的抽象图案大小不一，随着光影的变化形成斑驳的质感。这些或隐或现的建筑表皮在隐匿建筑体量的同时，随时间而变的铜制表皮也不断演绎出建筑与自然四季的变化关系，彰显出时间的延绵和力量。

　　德扬美术馆的空间布局非常丰富。平面上三条狭长的带状体块与两条自然绿化带相交替，在某些部位如同相互交叉的手指，让风景自然流入其中，同时形成具有强烈透视感的楔形空间。从美术馆的公共空间沿着庭院一侧成角度的外墙玻璃泻入馆内的光线，形成丰富的反射，模糊了室内外以及室内各个空间自身的界限。馆内的公共空间免费对外开放，成为公园中的一条路径，供人们自由穿越。在穿越的过程中，艺术与自然互相映衬着，伴随着来往于其中的人们。人们在尺度适宜的室内外空间中穿梭，同时感受着自然与艺术的照拂。

　　在美术馆的设计中，设计师还细致考虑到人们的行走、停留、休息、交谈的需求。从建筑外部场地开始，设计师就提供了与建筑平行的面对公园的座椅，人们可以在进入美术馆前停留等候，享受公园的美景。进入庭院空间后，在入口处设置的几块大岩石，既可作为庭院的小品供观赏，也可作为休息座椅，以方便排队等候队伍中身体不便的人。在建筑内部，设计师更是细致地在人们需要的地方提供坐和停留的可能性。例如大厅的楼梯下方，边廊内面向内庭的过道，甚至展厅空间内都设置了座椅。座椅的多处设置为人们提供了可以休息、缓冲的空间，也为人们提供了停留、交流的可能。人们在这里感受到亲切和接纳，美术馆真正成为人们可以放松和交往的空间。

　　在德扬美术馆中，游客络绎不绝，人们好像呼朋唤友来到自己的家中，一同欣赏各个时期的展品，这可以说是文化建筑的公共空间的至高境界。在这个多样化的空间里，人们能够感受到共同在场的社会价值和自由选择的个体价值，公共空间的作用得以最大限度的发挥，这也正是我们在文化建筑公共空间营造的最终目的（图5-18）。

图5-18　德扬美术馆的设计充分考虑了环境、艺术和生活，使三者完美的结合在一起

图5-18　德扬美术馆的设计充分考虑了环境、艺术和生活，使三者完美的结合在一起（续）

参考文献

［1］扬·盖尔. 交往与空间［M］. 何人可译，北京：中国建筑工业出版社，1992.

［2］扬·盖尔. 人性化的城市［M］. 徐哲译，北京：中国建筑工业出版社，2010.

［3］夏铸九. 公共空间［M］. 台北：艺术家出版社，1994.

［4］克莱尔·库珀·马库斯，卡罗琳·弗朗西斯. 人性场所——城市开放空间设计导则［M］. 俞孔坚，孙鹏，王志芳等译，北京：中国建筑工业出版社，2001.

［5］于雷. 空间公共性研究［M］. 江苏：东南大学出版社，2002.

［6］包亚明. 现代性与空间生产［M］. 上海：上海教育出版社，2003.

［7］阿尔伯特·拉特利奇. 大众行为与公园设计［M］. 王求是，高峰译，北京：中国建筑工业出版社，1990.

［8］阿摩斯·拉普卜特. 文化特性与建筑设计［M］. 常青，张昕，张鹏译，北京：中国建筑工业出版社，2004.

［9］阿摩斯·拉普卜特. 建成环境的意义——非言语表达方法［M］. 黄兰谷等译，北京：中国建筑工业出版社，1992.

［10］孙彤宇. 以建筑为导向的城市公共空间模式研究［M］. 北京：中国建筑工业出版社，2011.

［11］李昊. 公共空间的意义——当代中国城市公共空间的价值思辨与建构［M］. 北京：中国建筑工业出版社，2016.

［12］扬·盖尔，比吉特·斯娃若. 公共生活研究方法［M］. 赵春丽，蒙小英译，北京：中国建筑工业出版社，2016.

［13］伊峻慷. 文化营造：世界当代博物馆美术馆设计［M］. 江苏科学技术出版社，2013.

［14］高巍. 主题博物馆［M］. 沈阳：辽宁科学技术出版社，2012.

［15］格鲁伯. 21世纪博物馆：概念·项目·建筑［M］. 大连：大连理工大学出版社，2008.

［16］刘翰林. 博物馆设计方案［M］. 大连：辽宁科学技术出版社，2013.

［17］韩国C3出版公社. C3博物馆：空间体验［M］. 大连：大连理工大学出版社，2015.

［18］韩国C3出版公社. C3文博建筑：博物馆艺术中心［M］. 大连：大连理工大学出版社，2015.

［19］韩国C3出版公社，C3文化与公共建筑［M］. 大连：大连理工大学出版社，2012.

图片来源

1. 图2-1 巴黎歌剧院 图片来源：http://img.pconline.com.cn

2. 图2-2 卢浮宫入口改造 图片来源：作者自摄

3. 图2-3 波尔图音乐厅 图片来源：http://www.treemode.com

4. 图2-4 以色列国家图书馆 图片来源：http://www.treemode.com

5. 图2-5 巴黎蓬皮杜艺术中心广场 图片来源：作者自摄

6. 图2-6 美国国家海军陆战队博物馆 图片来源：文化营造世界当代博物馆、美术馆设计，伊峻慷，江苏科学技术出版社，2013

7. 图2-7 纳尔逊阿特金斯艺术博物馆 图片来源：文化营造 世界当代博物馆 美术馆设计，伊峻慷，江苏科学技术出版社，2013

8. 图3-1 斯图加特国立美术馆 图片来源：普利策建筑学奖获得者专辑，中国电力出版社出版，2004，严坤

9. 图3-2 恩佐·法拉利博物馆，图片来源：文化营造 世界当代博物馆 美术馆设计，伊峻慷，江苏科学技术出版社，2013

10. 图3-3 墨西哥纪念和宽容博物馆，图片来源：文化营造 世界当代博物馆 美术馆设计，伊峻慷，江苏科学技术出版社，2013

11. 图3-4 罗韦雷托现代艺术博物馆 图片来源：21世纪博物馆：概念·项目·建筑，格鲁伯，大连理工大学出版社，2008

12. 图4-1 贝奇勒特博物馆 图片来源：主题博物馆，高巍著，辽宁科学技术出版社，2012

13. 图4-2 法国里昂汇流博物馆 图片来源：http://www.ideamsg.com/2015/01/musee-des-confluences/

14. 图4-3 圣路易斯艺术博物馆，图片来源：作者自摄

15. 图4-4 格拉斯哥河畔博物馆，图片来源：文化营造 世界当代博物馆 美术馆设计，伊峻慷，江苏科学技术出版社，2013

16. 图4-5 罗森塔尔当代艺术中心，图片来源：作者自摄

17. 图4-6 斯坦哈特自然历史博物馆 图片来源：博物馆设计方案，刘翰林编，辽宁科学技术出版社，2013

18. 图4-7 丹麦海事博物馆，图片来源：博物馆设计方案，刘翰林编，辽宁科学技术出版社，2013

19. 图4-8 阿斯普楚·费恩利博物馆，图片来源：C3博物馆：空间体验，大连理工大学出版社，2015

20. 图5-1 阿利耶夫文化中心，图片来源：http://www.budcs.com

21. 图5-2 海洋冲浪博物馆，图片来源：文化营造 世界当代博物馆 美术馆设计，伊峻慷，江苏科学技术出版社，2013

22. 图5-3 贝诺佐·戈佐利博物馆，图片来源：文化营造 世界当代博物馆 美术馆设计，伊峻慷，江苏科学技术出版社，2013

23. 图5-4 慕尼黑现代艺术陈列馆，图片来源：21世纪博物馆：概念·项目·建筑，格鲁伯，大连理工大学出版社，2008

24. 图5-5 鹿特丹艺术中心，图片来源：http://blog.sina.com.cn/s/blog_e802955b0102vb3g.html

25. 图5-6 特拉维夫市艺术博物馆，图片来源：文化营造 世界当代博物馆 美术馆设计，伊峻慷，江苏科学技术出版社，2013

26. 图5-7 纽约现代艺术博物馆，图片来源：21世纪博物馆：概念·项目·建筑，格鲁伯，大连理工大学出版社，2008

27. 图5-8 圣特尔莫博物馆，图片来源：C3文博建筑：博物馆艺术中心，大连理工大学出版社，2015

28. 图5-9 龙美术馆西岸馆，图片来源：C3博物馆：空间体验，大连理工大学出版社，2015

29. 图5-10 布朗克斯艺术博物馆北翼扩建工程，图片来源：主题博物馆，高巍，辽宁科学技术出版社，2012

30. 图5-11 阿斯彭艺术博物馆，图片来源：C3博物馆：空间体验，大连理工大学出版社，2015

31. 图5-12 哈帕音乐厅和会议中心，图片来源：C3文化与公共建筑，大连理工大学出版社，2012

32. 图5-13 赫尔辛基古根海姆博物馆竞赛方案，图片来源：http://www.archcollege.com

33. 图5-14 梅里达工厂青年活动中心，图片来源：C3文化与公共建筑，大连理工大学出版社，2012

34. 图5-15 日本国立新美术馆，图片来源：21世纪博物馆：概念·项目·建筑，格鲁伯，大连理工大学出版社，2008

35. 图5-16 埃尔热博物馆，图片来源：主题博物馆，高巍，辽宁科学技术出版社，2012

36. 图5-17 斯图加特美术馆，来源：http://www.budcs.com

37. 图5-18 德扬美术馆，来源：作者自摄

后 记

本书的完成首先要感谢贾东教授。从本书的选题研究到书稿的完成和修改，都有贾老师不断的鼓励、敦促和陪伴在其中。和贾老师共事已经有十几年了，在这漫长的过程中，贾老师给我很多启示和鼓励。贾老师对建筑学专业的热爱和热情也不断影响着我，贾老师的认真，对工作和治学的严谨也时刻提醒着我，鞭策着我，是我前进路上的楷模。

本书的完成也要感谢团队中的各位同事朋友，大家的互相扶持帮助是我完成本书的动力。

感谢家人对我的支持，在书稿完成的过程中给予我无限的支持。

感谢中国建筑工业出版社的老师们为本书的出版所做出的辛勤工作。

本书的研究承蒙"北京市专项——专业建设—建筑学（市级）PXM2014_014212_000039"、"2014追加项——促进人才培养综合改革项目——研究生创新平台建设—建筑学（14085-45）"、"本科生培养—教学改革立项与研究（市级）—同源同理同步的建筑学本科实践教学体系建构与人才培养模式研究（14007）"，以及"教育部人文社科青年基金项目——基于文化模式的北京村落活态保护研究（15YJCZH123）"的资助，特此致谢。